잠 못들 정도로 재미있는 이야기

과학의 대이론

잠 못들 정도로 재미있는 이야기
과학의 대이론

"NEMURENAKUNARUHODO OMOSHIROI ZUKAI KAGAKU NO DAIRIRON"
by Nobumitsu Omiya
Copyright © Nobumitsu Omiya 2016
All rights reserved.
First published in Japan by NIHONBUNGEISHA Co., Ltd., Tokyo

This Korean edition is published by arrangement with NIHONBUNGEISHA Co., Ltd.,
Tokyo in care of Tuttle-Mori Agency, Inc., Tokyo through Duran Kim Agency, Seoul.

Korean translation copyright © 2021 by Sung An Dang, Inc.

이 책의 한국어판 출판권은
듀란킴 에이전시를 통해 저작권자와 독점 계약한 BM (주)도서출판 성안당에 있습니다.
저작권법에 의하여 한국 내에서 보호를 받는 저작물이므로 무단전재와 무단복제를 금합니다.

그림으로 읽는 **잠 못들 정도로 재미있는 이야기**

과학의 대이론

오미야 노부미쓰 지음 | 조헌국 감역 | 김선숙 옮김

BM (주)도서출판 성안당

아득히 먼 옛날, 밤하늘 아래서 모닥불을 피워놓고 둘러 앉아 나눴던 허황된 이야기에서 과학에 대한 관심이 싹튼 게 아닐까? 하긴 요즘은 '역사녀(역사에 관심이 많거나 역사를 잘 아는 여자를 일컫는 신조어)'라는 말을 쓰는 사람이 별로 없다. 내 안테나가 녹슨 탓인지도 모른다. 아무튼 세계사를 좋아하는 사람이라면, '제3장 세상을 바꾼 전근대의 대이론'을 먼저 읽어보기 바란다. 제3장을 읽고 나면 의문이 솟구칠 것이다. '대이론은 커녕 사소한 발명에 지나지 않는 것들뿐이지 않은가?'라고. 이렇게 생각하는 당신은 예리하다!

바로 이 점에 전근대의 특징이 있다. 전근대에는 대이론이라고 할 만한 세계관이 신화 내지 설화로 전해진다. 그것뿐이라면 대부분의 사람들은 납득하지 못할 것이다. 이것 봐라, 이 정도로 위력이 있다고 자랑할 만큼 구체적인 사물이나 현상을 발견해야 비로소 전근대의 대이론이 아니겠는가? 그런데 대이론과 구체적인 사물이 분리되지 않은 채 불가분의 관계를 갖는 것이 전근대의 특징이다. 이에 반해 근대 대이론의 특징은 추상적인 이론과 구체적인 사물이 분리되었다는 점이다. 그렇기 때문에 근대의 대이론이 세계적인 문명을 구축했을 뿐만 아니라 일반적으로 적용 가능하게 된 것이 아닐까?

이런 근대를 개척해온 대이론을 '제2장 물리의 세계−운동과 열·전기 에너지'에서 소개한다.

제2장은 유난히 길다고 느끼는 사람도 있을 것이다. 그래도 모자라 일부는 제5장에 밀수출했다.

제5장에 밀수출한 데는 그만한 의도가 있으나 그것은 독자 여러분이 직접 알아내주었으면 좋겠다. 제5장에 밀수출했는데도 아직 부족하다. 다루어

야 할 것이 더 남아 있다고 생각할 만큼 과학에 정통한 사람이라면 불만의 목소리가 나올 수도 있다. 하지만 그것도 독자 자신이 탐색해주었으면 좋겠다. 거듭거듭 용서를 빈다.

물리 세계에서 여러 법칙이 많은 결실을 맺은 것은 전근대의 민속적인 문명을 무너뜨리고 세계적인 문명을 지구상에 이룩한 서구 패권의 근거라고 할 수 있다. 그런데도 아직도 중국과 인도, 이슬람, 내륙 아시아, 아프리카는 각기 독자적인 색조와 풍토 냄새를 풍기며 유지하고 있다. 세계적인 근대 과학기술을 사회의 인프라에 짜 넣으면서도 민속적인 과학을 새로운 위상으로 부활 재생시키려는 의도인지도 모른다.

물리가 선행한 근대 세계가 그 뒤를 쫓듯이 '제4장 화학의 기본·물질의 변화', '제5장 생명체의 보편성·지구와 우주의 신비'의 무대가 근대 후기에 밀고 올라왔기 때문이 아닐까?

이러한 지구 문명사를 바탕으로 21세기가 시작된 지금, 온고지신(溫故知新; 옛것을 익히고 그것을 미루어서 새것을 앎)보다는 온신지고(溫新知故; 새것을 익혀 그것을 통해 옛것을 앎)의 시대에 돌입한 듯한 느낌이다. 미디어나 인터넷은 과학이 진일보한 모습을 끊임없이 전해주고 있어 마치 노벨상이 필사적으로 그 뒤를 쫓고 있는 것 같다.

우리는 이미 '제1장 22세기를 향한 새로운 전개'가 시작되었다는 것을 강하게 느끼고 있다.

이 책은 세계사의 흐름에 맞춰 과학이론을 소개했다. 처음부터 순서대로 읽어도 좋고 이리저리 넘기다 문득 눈에 띈 길가의 꽃들을 감상하는 것도 좋을 것이다.

선택은 자유다. 당신의 방식대로 과학 여행을 즐기기 바란다.

오미야 노부미쓰

머리말　2

4

제3장

세상을 바꾼 전근대의 대이론 75

제 **1** 장

22세기를 향한
새로운 전개

│ 최신 과학이론 │

01 은하에 대한 열망이 낳은 대발견
—— iPS세포

> 어린 시절 은하에 대한 동경과 역발상이 유도만능줄기세포(iPS)를 발견하기에 이른다. iPS세포는 자신의 피부 등에서 취한 세포로 다양한 장기를 만들어 낼 수 있는 만능세포로 알려져 있다. 과연 불멸을 손에 넣을 수 있는 시대가 올까?

오무라 사토시 교수와 야마나카 신야 교수의 공통점

오무라 사토시 교수는 기생충 감염 질환에 강력한 치료 효과를 발휘하는 아버맥틴을 개발한 공로로 2015년 노벨 생리의학상을 수상했다. 우여곡절이 많았던 그의 인생은 2012년에 노벨 생리의학상을 받은 야마나카 신야 교수와 비슷한 점이 많다.

오무라 교수는 지방대학(야마나시대학)을 졸업한 후, 도립고등학교에서 학생을 가르쳤다. 그런데 배우려는 열정에 넘친 학생들의 모습에 도전을 받아 도쿄대학 대학원에 진학해 화학을 공부했다. 그런 다음 그는 미국으로 건너간다.

야마나카 교수도 지방대학(고베대학) 의대에 들어가 정형외과의에 뜻을 둔다. 그는 중고등학교에서 유도, 대학에서는 럭비를 했기(오무라 교수는 스키를 했다) 때문에 곧잘 골절상을 당한 경험이 있었고, 경기 중 사고로 평생 누워지내야 하는 몸이 된 럭비 선수 이야기도 여러 번 들었다.

정형외과에서 근무하다보면 고칠 수 없는 비참한 사례에 직면할 수도 있다고 생각해선지 그는 오사카시립대학 대학원에서 약리학을 공부한다. 그런 다음 미국 캘리포니아대학교 샌프란시스코캠퍼스의 글래드스톤연구소에 들어간다. 미국이란 나라를 잘 활용했다는 점도 오무라 교수와 야마나카 교수 둘 다 비슷하다. 오무라 교수는 일본에 귀국하기 전에 '돌아와도 연구비를 줄 수 없다'라는 말을 듣고 미국의 제약회사를 돌아다니며 공동 연구를 타진

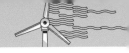

한다. 사람을 치료하는 약을 개발하는 데는 치열한 연구 개발 과정이 뒤따른다. 그래서 눈을 돌린 것이 동물약품이다. '너도나도 뛰어드는 연구에는 승산이 없다'라고 생각한 것이다. 그런 점 역시 야마나카 교수와 비슷하다.

미국의 대형 제약회사와 오무라 교수가 공동 개발한 약은 개와 고양이에 잘 들어 대박이 났다. 열대 아프리카 지역에 들고 가 사람에게 투여해본 결과에서는 좋은 효과를 보여 감사하다는 말을 들었다.

야마나카 교수는 나라첨단과학기술대학 조교수로 임용되었다. 당시 그 분야에서는 배아줄기세포를 다양한 종류로 분화시키는 연구가 한창이었다. 그만큼 강력한 경쟁 상대가 와글거리고 있었다.

야마나카 교수는 자신이 이끄는 작은 연구실로는 도저히 승산이 없다는 생각이 들자 분화의 반대인 초기화를 목표로 하게 된다.

면면히 이어져온 은하에 대한 갈망

야마나카 교수는 중고등학교 시절에 SF소설을 많이 읽었다. 특히 그가 좋아했던 소설은 『우주 영웅 페리 · 로단』 시리즈였다. 독일에서는 매주 1권이 발행되었고, 일본에서는 월간으로 간행되어 독자의 사랑을 받았다.

소설은 달나라로 향한 우주비행사 로단이 세포 샤워라는 세포활성장치를 사용해 늙지도 죽지도 않고, 은하제국을 건설한다는 파란만장한 스토리를 다루었다. 로단이 사용한 세포활성장치는 세포의 노화를 되돌린다. 그런 면에서 iPS세포*의 제작기술과 공통점이 있다. 야마나카 교수는 언젠가 시간이 나면 이 책을 다시 읽어보고 싶다고 말하기도 했다.

가로막힌 커다란 벽

야마나카 교수가 미국에서 돌아와 일본의 열악한 연구 환경 때문에 괴로워하던 바로 그때 미국에서 인간 배아줄기세포를 제작하는 데 성공했다는 놀라운 뉴스가 전해진다(10쪽 그림 참조).

---

* iPS세포란 유도만능줄기세포(induced pluripotent stem cell)의 영문 머리글자를 딴 것이다.

배아줄기세포가 생성되기까지

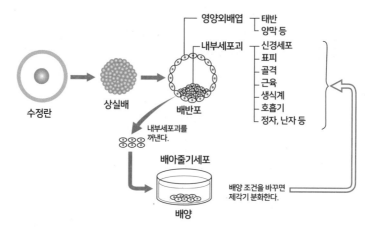

수정란은 태아로 성장해가는 도중에 분열을 반복하여 배반포라 불리는 상태가 된다. 배반포는 속이 빈 세포 덩어리로 직경 0.1mm 정도의 공 모양이며, 내부에는 내부세포 괴라는 세포군과 할강이라는 공간이 자리 잡고 있다. 이 내부세포괴를 분리한 후 세 포를 꺼내 분화하지 않는 환경에서 배양하면 배아줄기세포가 생성된다.

　인간 배아줄기세포를 의료에 응용하는 데는 두 가지 문제가 가로막고 있었다. 바로 윤리적 문제와 면역 거부 문제다.

　야마나카 교수는 두 가지 문제를 해결하기 위해서 인체의 세포, 특히 피부세포에서 배아줄기세포와 유사한 세포를 만들어야겠다고 생각한다. 그것은 학계의 상식에 정면으로 부딪치려는 엉뚱한 시도였다.

　'피부세포와 배아줄기세포는 둘 다 세포를 통째로 제작할 수 있는 설계도(게놈)를 갖고 있다. 두 세포의 차이는 설계도에 끼워진 가름끈에 있다. 그런 만큼 배아줄기세포의 가름끈을 찾아 그것을 피부세포에 보내주면 피부세포를 초기화해서 배아줄기세포와 유사한 만능세포로 바꿀 수 있지 않을까'라고 야마나카 교수는 생각했다.

4개의 유전자가 세포의 노화를 되돌린다!

　야마나카 교수는 컴퓨터의 힘을 빌려, 다수의 가름끈 후보 중에서 마침내

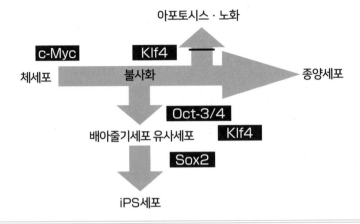

4가지 유전자(전사인자)가 미치는 영향

아포토시스 · 노화

c-Myc   Klf4

체세포   불사화   종양세포

Oct-3/4

배아줄기세포 유사세포   Klf4

Sox2

iPS세포

전사인자란 DNA에 특이적으로 결합하는 단백질의 1군을 가리킨다. 지금까지 그다지 사용하지 않았던 단백질이 필요하게 된 경우에는 전사인자에 의해 그 합성이 조절되며 생물이 주변 환경에 적합하게 변해가는 과정에서도 큰 역할을 한다. 즉 전사인자에 의해 체세포는 노화되고 종양세포가 되기도 하고 배아줄기세포가 되기도 한다.

4개의 유전자란?

마우스의 피부세포에 바이러스를 사용하여 4종류의 유전자('Oct3/4', 'cMyc', 'SOX2', 'Klf4')를 짜 넣는 새로운 방법을 시도했다. 그러자 2주 후에 만능세포로 변했다. 배아줄기세포와 비슷하지만 다른 종류이기 때문에 iPS세포라는 이름을 붙였다. iPS세포는 배아줄기세포를 대신하는 비장의 카드로, 일본인 연구자가 세계 최초로 제작한 새로운 만능세포다. 수정란을 사용하지 않기 때문에 윤리적 문제도 생기지 않는다.

4개의 유전자를 밝혀냈다. 이것을 받은 피부세포는 초기화되어 보기 좋게 젊어졌다. 게다가 거의 무한하게 증식할 수 있는 iPS세포가 탄생했다.

세포가 죽지 않고 다시 젊어질 수 있다면 세포가 모여 만드는 조직 – 장기 – 몸도 역시 노화하지 않고 젊어질 수 있다. 하지만 성인의 몸은 60조 개나 되는 세포로 구성된 복잡하기 짝이 없는 시공 연속체다.

02 제4세대의 불빛 LED는 운석에서 발견되었다 —— LED

> LED는 수명이 길어, 저비용 반도체 소자나 가정용 조명, 교통 신호뿐만 아니라 컴퓨터나 휴대전화 등의 백라이트로도 널리 사용되고 있다.

반도체의 모호한 성질이 낳은 가능성

LED(발광 다이오드)의 다이오드란 원래 이극 진공관을 가리켰다. 이극 진공관은 전류가 한 방향으로만 흐른다. 반대 방향에는 흐르지 않는 성질이 있기 때문에 교류를 직류로 바꿀 때 등에 사용된다.

일본의 반도체 물리학자인 에사키 레오나는 이극 진공관과 유사한 기능을 가진 반도체 다이오드를 발명해 1973년에 노벨 물리학상을 수상했다. 지금은 진공관이 거의 사용되지 않고 있어, 다이오드라고 하면 반도체 다이오드를 가리키는 경우가 많다.

반도체는 전자를 잘 통하는 금속 같은 도체가 아니다. 전자가 통하지 않는 부도체(절연체)도 아니다. 반도체는 도체와 부도체의 중간 정도의 전기저항을 가진 애매모호한 물질이다. 그렇다고 도체 – 반도체 – 절연체의 구분이 절대적인 것은 아니다. 조건에 따라 반도체는 도체로도 절연체로도 변신 가능한 자유로운 존재다. 이와 같은 특성이 반도체의 다양한 가능성을 열어주었다.

원자가전자와 자유전자

전자에는 원자가전자와 자유전자가 있다. 원자가전자는 원자의 가장 바깥쪽에 존재하는 전자로 원자가 규칙적으로 배열되어 있는 결정 구조, 즉 사회 속의 가정에 해당하는 원자끼리 결합된다. 자유전자는 가정 밖에서 자유롭게 움직이는 전자다(그림 ①). 자유전자들은 원자가전자보다 활발하고 에

---

* dióde는 이극의 2를 나타내는 접두사 'di'와 '길'을 뜻하는 그리스어 hodós를 합친 것이다.

자유전자와 원자가전자

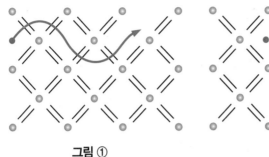

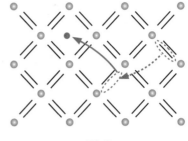

그림 ①

●는 원자, ●는 자유롭게 돌아다니는 자유전자. ─ 표시는 원자를 결정의 형태로 결합시키는 전자. ●가 전도대에 속하는 전자이고, ─가 원자가전자에 속하는 전자다.

그림 ②

원자가전자(─)가 뛰어나올 때 자유스러운 전자(●)가 되어 움직이기 시작한다. 이후에 점선 원(○), 정공이 남는다.

전도대

금지대

원자가전자대

천사가 빛을 발하며 땅에 내려왔다가 사람의 빛을 받아 승천한다.

너지 준위가 높다.

원자가전자도 외부에서 열이나 빛의 에너지를 받게 되면 떨어져 나와 자유전자가 된다. 그러면 가정에 구멍이 뚫리는데, 이것을 '정공(positive hole)'이라고 한다(그림 ②).

정공이 생기기 쉬운 p형 반도체로부터 원자가전자가 많은 n형 반도체로, 전자가 빛을 흡수하며 이동한다.

반대로 전자가 이동할 때는 빛을 방출한다. 이 빛의 방사를 이용한 것이 바로 발광 다이오드(LED)다(그림③).

n형 반도체와 p형 반도체의 에너지 준위의 차이(에너지 차이)에 따라 빨강, 주황, 노랑, 녹색, 파랑, 남색, 보라색 빛이 흡수되고 방출된다.

노벨 물리학상을 수상한 일본인

LED의 역사는 의외로 깊다. 20세기 초, 화합물 반도체의 탄화규소(실리콘 카바이드)에 전류를 흘려보내자 발광현상이 일어났다. 맥스웰의 전자기학으로는 이러한 물질 내부의 전자 움직임과 발광현상과의 관계를 고찰하기 어려웠다.

원자나 분자 속에서 전자가 일으키는 현상을 조사하다가 양자물리를 탄생시켰다. 이를 근거로 1960년대가 되면서 빨강, 초록, 노란색 LED가 등장했다. 하지만 빛의 삼원색, 즉 빨강, 초록, 파랑 중 청색 LED를 발명하는 데는 어려움이 많았다.

메이죠대학 아카사키 이사무 교수와 나고야대학 아마노 히로시 교수, 캘리포니아 대학 나카무라 슈지 교수는 파란색을 지속적이고 안정적으로 발광시키는 고품질 청색 LED 발명에 성공하여 2014년 노벨 물리학상을 수상했다.

실리콘 카바이드의 중요성

조명의 역사는 숯불과 촛불을 제1세대로 해서 시작되었다. 제2세대는 전구, 제3세대는 형광등, 제4세대는 LED로 완결되었다.

20세기 최초의 LED로서 영광에 빛나는 실리콘 카바이드는 운석에서 극히 소량이 발견되었다. 21세기에 들어와 실리콘 카바이드를 인공적으로 만들 수 있게 되면서 파워 일렉트로닉스의 핵심 기술로 각광받고 있다.

파워 일렉트로닉스는 전력의 수송과 변환, 제어, 공급 등과 관련한 기술

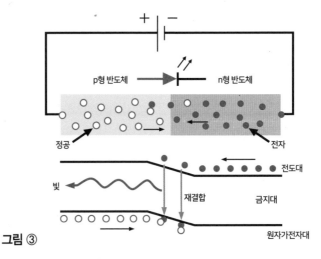

LED가 빛을
내는 구조

p형 반도체 → n형 반도체

정공 → ← 전자

빛 재결합 전도대

금지대

그림 ③ 원자가전자대

분야다. 물론 LED도 전원 없이는 불을 밝힐 수 없다. 에너지 절약이나 자원 절약, 고효율화 등 경제성과 소형, 경량, 고기능 등의 편의성을 도모하면서 불안정 요인을 없애야 좋은 품질을 만들 수 있다.

이 분야에서 실리콘 카바이드가 핵심에 위치한다.

정보 · 에너지가 중요한 시대다. 물질이 일체화되는 초정보화 문명이 22세기의 커다란 트렌드가 되지 않을까?

왜? LED는 빛을 발하는가! (위 그림 참조)

순방향으로 전압을 가하면 정공과 전자가 이동하고 전류가 흘러 P형 반도체, n형 반도체의 접합에서 재결합한다. 이때 원래의 에너지에 대한 에너지가 너무 작아지기 때문에 남은 에너지가 빛으로 방출된다.

03 지구 온난화는 비행기구름 탓?
—— 권운과 은하 우주선

> 제트기에 의한 비행기구름은 높은 층의 권운으로 커져 지구 온난화에 영향을 미친다.

권운과 은하 우주선과 태양의 관계

2001년 9월 11일 미국에서 동시다발 테러가 일어난 직후 3일간은 항공기 운항이 금지되었다. 그러자 비행기구름(비행운)이 거의 생기지 않았고, 항공기 운항이 빈번했던 시기에 비해 미국 기온의 변동 폭이 섭씨 1.2℃나 커졌다. 9.11 테러가 일어난 다음날인 9월 12일, 군용기 몇 대와 수송기가 날자 비행기구름 6줄이 몇 시간 만에 2만 ㎢에 이르는 고층의 권운으로 커져 갔다.

권운은 전체적으로 지구 표면에서 나오는 적외선 방사를 반사하고 열을 대기에 고정하는 가열 효과가 있다. 한편 태양의 복사 에너지를 뒤집는 냉각 효과설도 있다. 어느 쪽이 큰지 현재의 물리학으로는 명확하게 말할 수 없다.

그런데 태양의 표면에 나타나는 흑점은 국소적으로 강한 자기장을 가지고 태양 표면의 활성화를 가져온다. 태양 흑점이 거의 나타나지 않았던 시기가 있다. 1645년부터 1715년까지다. 이 기간을 영국의 천문학자 마운더의 이름을 따서 '마운더 극소기(Maunder Minimum)'라고 한다. 기온이 내려가 북유럽 등에서 밀과 감자 수확량이 줄자 영양실조로 인한 면역력 저하로 전염병이 유행하여 수백만 단위의 사망자가 나왔다. 21세기를 맞은 지금 마운더 극소기가 다시 찾아올 가능성이 있다.

지구는 태양의 자기장에 싸여 있기 때문에 보통은 그것이 방패 역할을 하여 은하 우주선의 침입을 막는다. 그런데 태양 활동이 약해지면 태양의 자기

은하 우주선과 대기의 상호 작용

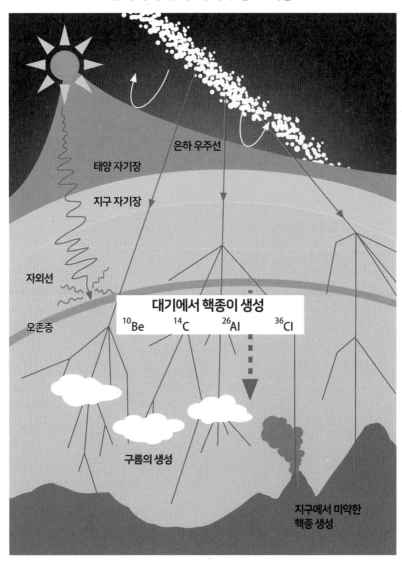

은하 우주선

태양 자기장

지구 자기장

자외선

오존층

대기에서 핵종이 생성

^{10}Be ^{14}C ^{26}Al ^{36}Cl

구름의 생성

지구에서 미약한
핵종 생성

태양 활동이 활발한 시기에는 태양 자기장의 강도가 상승하고 지구 대기에 도착하는 은하 우주선이 약해진다. 그 결과, 베릴륨(Be) 10이나 탄소(C) 14의 생성률이 감소한다. 과거 베릴륨의 증감을 복원하면 태양 활동의 변동을 알 수 있다.

장도 약해지는데, 그 틈을 타듯이 은하 우주선이 들어가 대기권과 부딪치면 샤워처럼 쏟아져 내린다. 대기 성분의 이온화가 촉진되고 수증기가 응결핵이 되어 저층운이 쉽게 확산된다. 그러면 태양의 복사 에너지가 반사되어 지구 대기의 한랭화를 초래한다.

더구나 은하 우주선이 지구 내부에도 돌진해 마그마를 자극하면 화산 분화의 발단이 될 수 있다. 화산이 뿜어낸 연기가 상층권에 도달하면 수평으로 흘러 반구를 덮고, 나아가 한랭화를 초래한다.

기후변화에 관한 정부간 협의체 은하 우주선의 영향을 정면으로 부정한다. 하지만 이산화탄소와 메탄 등 온실 가스에 의한 온난화와 은하 우주선에 의한 한랭화, 제트기에 의한 권운의 영향이 향후 어떻게 나타날지 모르기 때문에 잠시도 한눈팔 수 없는 상황이다.

은하 우주선이 생기는 구조

은하계만 해도 2,000억에서 4,000억 개의 별이 빛나고 있다. 별은 핵융합의 재료가 떨어지면 죽게 되는데 큰 별이 죽을 때 대폭발을 일으킨다. 그때 발생하는 충격파로 전기를 띤 입자가 가속되어 은하 우주선이 된다.

04 인류의 희망은 우주에 있고, 지구의 희망은 야생에 있다! ── 여섯 번째 대멸종

> 지구상의 생명체는 한없이 평화로운 시기와 극히 드물기는 하지만 생물이 대량 멸종하는 시기가 반복되면서 진화했다. 지금 여섯 번째 대멸종이 시작되었다.

문명의 발달이 대멸종을 부추긴다

지난 5억 년 생명체의 역사를 보면, 격렬한 대멸종이 다섯 번 있었다. 이를 '빅 파이브'(오른쪽 그림 참조)라고 한다. 다음의 여섯 번째 대멸종은 사실 이미 시작되었다. 모든 현대인의 조상은 약 20만 년 전 아프리카에 살던 소수의 사람들이다. 약 12만 년 전, 그들 중 일부가 서남아시아로 이동하기 시작하면서 지구상에 흩어지게 되었다. 그들이 이동하는 곳마다 매머드와 동굴곰 등 거대한 초식동물이 멸종했다. 그런 점에서는 우리 현세 인류가 과잉학살범이라 할 수 있다. 현대에 이르러 개구리와 도롱뇽 등 양서류는 지구에서 가장 멸종 위기에 처해 있다. 그 멸종률이 배경 멸종률(평화의 시대)의 4만 5,000배라고 계산하는 사람도 있다.

양서류 이외의 많은 동물종의 멸종률도 양서류를 육박한다. 암초 산호류의 3분의 1, 상어와 가오리의 3분의 1, 담수 패류의 3분의 1, 포유류의 4분의 1, 파충류의 5분의 1, 조류의 6분의 1 외에도 식물의 2분의 1이 지구상에서 모습을 감추었다.

글로벌 문명을 전개한 현대의 특징은 종의 이동을 강요하는 한편, 종의 이동을 막는 장벽, 즉 도로, 공터, 도시, 대규모 농원 등을 만들어 대멸종을 진행시키고 있다.

우리 현세 인류에게는 희망이 없는 것일까? 인류의 희망은 우주에 있다. 그리고 지구의 희망은 야생에 있다!

생명체의 역사에 있었던 주요 사건(과거 5억 년)

기	연대	현재부터 거슬러 올라간 기간 (단위 : 100만 년)	사건
제4기 신성기 (신 제3기) 구성기 (고 제3기)	신생대	현재 ─ 50 -----	빙하 시대의 시작 최초의 대형 유인원 남극의 빙상 · 빙하 형성 최초기의 영장류 백악기의 멸종
백악기	중생대	----100----	최초의 현화식물 최초기의 조류
주라기			
트라이아스기		200 ───	트라이아스기 후기의 멸종
페름기			페름기 후기의 멸종
석탄기	고생대	----300---	최초기의 파충류
데본기		400	데본기 후기의 멸종
실루리아기			오르도비스기 말의 멸종
오르도비스기		----500	최초기의 육상식물
캄브리아기			

해양 화석의 기록으로 알 수 있는 빅 파이브의 멸종

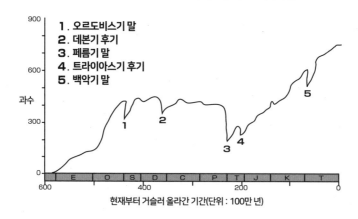

1. 오르도비스기 말
2. 데본기 후기
3. 페름기 말
4. 트라이아스기 후기
5. 백악기 말

현재부터 거슬러 올라간 기간(단위 : 100만 년)

어떤 과(科)의 한 종(種)이라도 살아남으면 그 과는 살아남은 것이 되므로, 종 수준의 손실은 이보다 훨씬 크다.

05 외계 생명체는 존재할까?
—— 해비터블 존

화성 이주 계획과 지구형 행성에서 생명체를 찾는 연구 열기가 뜨겁다. 외계 생명체 탐색에 대한 열기는 한층 더 뜨거워질 전망이다.

화성에 생명체가 존재할 가능성이 높다

화성에 정착민을 보내는 프로젝트 '마즈 원(Mars One)'이 TV의 리얼리티 쇼를 수익원으로 본격적으로 시작됐다. 2025년 실현을 목표로 하는 이 프로젝트에 20만 명이 응모하였다. 미국 항공우주국(NASA)은 2030년대 중반까지는 화성 궤도에 인간을 보낼 수 있도록 유인 우주왕복선을 계획하고 있다.

오사카 대학 이학연구과의 사이키 가즈토 교수는 화성에 '태양계 최초로 도시가 건설될 것'으로 예상한다. 그런데 그 예상이 맞아떨어진다면 그곳에 커다란 문제가 발생할 수도 있다. 생명체가 발생할 확률은 바다뿐이었던 초기 지구보다 바다뿐만 아니라 육지가 있었던 화성이 더 높다. DNA의 근원이 되는 뉴클레오티드를 구성하는 염기와 인산과 당은 수분이 빠져야 결합되기 때문에 해수의 침수와 건조가 반복되는 바닷가에서 형성되기 쉽다. 그렇다면 최초의 생명체는 화성에서 발생하여, 소행성이 화성에 충돌하면서 흩어진 운석을 타고 지구에 날아왔을 가능성이 있다. 2015년 러시아가 이를 입증하는 실험을 한 바 있다. 이처럼 생명체가 우주 공간을 이동한다는 가설을, 암석을 의미하는 리소(Litho)라는 단어를 붙여 '리소판스페르미아설'이라고 한다. 그렇다면 우리 지구인류가 고향 화성에 돌아갔을 때, 화성에 남아 독자적인 진화를 이루었을 화성 생명체를 오염시켜 화성 생명체의 대멸종을 야기할 수 있다.

깊은 바다의 '열수 분출공(지하에서 뜨거운 물이 솟아 나오는 구멍. 육상과 해저

엔켈라두스의 내부 구조

수증기 등의 분출물

암석

두꺼운
얼음

지하수

(제공 : NASA / JPL)

토성의 위성 엔켈라두스에 열수 환경이 존재한다(위 그림)

토성의 위성인 엔켈라두스는 두꺼운 얼음층 밑에 바다가 있는 것으로 알려져 있다. 일본, 미국, 유럽의 연구팀은 이곳에 생명체 존재 가능성이 높다는 것을 입증했다. 그것은 직경이 불과 몇 억분의 1인치의 이산화규소를 포함하는 미립자였다. 이산화규소는 생명체의 영양에 필수적인 에너지원이며, 엔켈라두스 해저의 열수분출공에 의해 해수가 순환하고 있는 것으로 보고 있다.

에 모두 존재한다.)' 주변에서 생명체의 기원을 찾아야 한다는 설도 유력하다. 이 설에서는 목성의 거대 위성인 에우로파와 이오, 토성의 대표적인 위성인 엔켈라두스와 타이탄을 주목한다. 연구자들은 얼음에 덮인 바다 바닥에 해저 화산이나 열수 활동이 존재하며 그곳에서 생명체가 탄생한 것이 아닐까 보고 있다.

지구형 행성에서 생명체를 찾는다

1995년에 최초의 외계행성이 발견되었고, 2009년에는 지구와 유사한 행성을 찾기 위해 은하계에 케플러 우주망원경이 발사되었다. 미항공우주국은 2015년 '밤하늘에 보이는 별들 대다수가 행성을 거느리고 있다'고 발표했다. 그 중 15~20%가 지구와 유사한 행성을 거느린 것으로 알려져 있다. 실제로 해비터블 존(생명체 거주 가능 구역)내에서 생명체를 찾는 연구가 매우 활발하다. 태양계 이외의 행성 대기권을 분광관측(천체의 빛을 파장마다 나누어(분광 해), 스펙트럼을 취하는 관측)하는 것이다. 생명체가 존재하는 근거인 원자와 분자, 예컨대 산소와 메탄의 공존이라는 '바이오 마커'가 확인되면 그 가능성은 높아진다. 발견을 기대할 수 있는 것이다.

외계 생명체는 존재할까? — 해비터블 존

06 우주를 지배하는 암흑 물질
—— 다크 매터

> 암흑 물질의 존재는 중력이 주변에 미치는 영향을 관측해보면 확인할 수 있다. 하지만 암흑 물질 그 자체를 직접 관측할 수 있는 수단은 아직 없다. 확실히 존재하는데도 말이다.

24

우주에 있는 정체불명의 물질

암흑 물질(Dark Matter)은 정체불명의 물질이다. 눈에 보이지는 않지만 확실히 존재한다. 암흑기라는 단어를 쓰는 예와 비슷하다고 할 수 있다.

암흑 물질의 존재를 처음으로 주장한 사람은 1930년대 스위스의 천문학자 프리츠 츠비키다. 그는 은하가 모여 있는 은하단의 무게(질량)를 두 가지 방법으로 측정했다.

하나는 은하단의 은하 밝기로 측정한 광학 질량이다. 또 하나는 은하의 운동 속도로 은하단의 질량을 구하는 역학 질량*이다. 광학 질량보다 역학 질량이 훨씬 크다는 의미에서 암흑 물질이 은하단의 70~80%를 차지하는 것으로 보고 있다.

1970년대 미국의 여류 천문학자 베라 루빈은 안드로메다 은하의 회전을 관찰한 후 암흑 물질을 추정하지 않을 수 없다고 했다.

1986년 '우주의 거대 구조'가 발견되었다. 구조가 형성되는 우주의 시간을 예상해 보면 허블의 법칙(120쪽 참조)으로부터 유도되는 우주의 시간 100억~200억보다 훨씬 오래 걸린다.

구조가 성립되기에는 우주의 총질량이 부족해 이를 보충하는 암흑 물질의 존재가 필수적이었다고 할 수 있다.

---

* 은하들의 움직임이 빠를수록 은하단 전체의 질량이 만들어내는 중력으로 붙들어둘 필요가 있다. 그렇기 때문에 은하가 운동하는 속도의 평균값에서 은하단 전체의 역학 질량을 구할 수 있다.

◆ 소방 분야

강좌명	수강료	학습일	강사
소방기술사 1차 대비반	620,000원	365일	유창범
[쌍기사 평생연장반] 소방설비기사 전기 x 기계 동시 대비	549,000원	합격할 때까지	공하성
소방설비기사 필기+실기+기출문제풀이	370,000원	170일	공하성
소방설비기사 필기	180,000원	100일	공하성
소방설비기사 실기 이론+기출문제풀이	280,000원	180일	공하성
소방설비산업기사 필기+실기	280,000원	130일	공하성
소방설비산업기사 필기	130,000원	100일	공하성
소방설비산업기사 실기+기출문제풀이	200,000원	100일	공하성
소방시설관리사 1차+2차 대비 평생연장반	850,000원	합격할 때까지	공하성
소방공무원 소방관계법규 문제풀이	89,000원	60일	공하성
화재감식평가기사·산업기사	240,000원	120일	김인범

◆ 위험물·화학 분야

강좌명	수강료	학습일	강사
위험물기능장 필기+실기	280,000원	180일	현성호,박병호
위험물산업기사 필기+실기	245,000원	150일	박수경
위험물산업기사 필기+실기[대학생 패스]	270,000원	최대4년	현성호
위험물산업기사 필기+실기+과년도	350,000원	180일	현성호
위험물기능사 필기+실기[프리패스]	270,000원	365일	현성호
화학분석기사 필기+실기 1트 완성반	310,000원	240일	박수경
화학분석기사 실기(필답형+작업형)	200,000원	60일	박수경
화학분석기능사 실기(필답형+작업형)	80,000원	60일	박수경

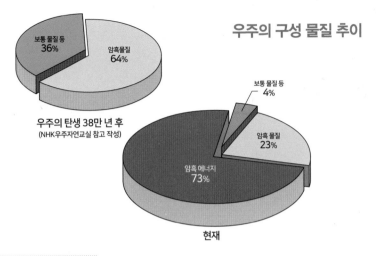

우주의 구성 물질 추이

보통 물질 등
36%

암흑물질
64%

우주의 탄생 38만 년 후
(NHK우주자연교실 참고 작성)

보통 물질 등
4%

암흑 물질
23%

암흑 에너지
73%

현재

암흑 에너지의 존재

2003년 미항공우주국의 '우주배경복사'(123쪽 참조)를 관측하기 위해 발사한 위성 WMAP(Wilkinson Microwave Anisotropy Probe, 윌킨슨 마이크로파 비등방성 탐색기)가 촬영한 우주의 사진을 보면, 전체 우주의 별과 가스 등 '보이는 물질'을 긁어모아도 온 우주를 구성하는 질량의 단 4%밖에 되지 않는다.

나머지 96%는 암흑 물질로도 모자라 1998년에 발견된 암흑 에너지로 추정할 수밖에 없다.

암흑 에너지의 존재는 우주가 팽창하는 속도를 관측하다 초신성 폭발 중에서도 Ⅰa형 초신성 폭발을 관측하면 팽창이 가속된다는 사실로부터 알게 되었다.

이를 관측적으로 발견한 공로로 2011년에 솔 펄머터와 브라이언 슈밋, 애덤 리스는 노벨물리학상을 수상했다.

그 후 상세한 관측을 통해 우주 탄생으로부터 약 70억 년 후(지금부터 약 70억 년 전)에 가속 팽창이 시작된 것으로 밝혀졌다. 우리가 우주 문명을 확대한다면 우주의 가속 팽창을 따라잡을 수 있을까?

07 우주의 본성을 폭로하다
―― 신의 입자·힉스 입자

> 신의 입자라 불리는 힉스 입자를 제대로 해석할 수 있게 되면 우주의 수수께끼를 풀어 우리가 어디서 와서 어디로 가는지 밝혀지게 될 것이다.

대형 강입자 충돌기에서 발견한 힉스 입자

한때 신의 입자로 유명했던 힉스 입자는 50년 전에 브뤼셀 자유 대학의 프랑수아 앙글레르와 에딘버러 대학 명예 교수 피터 힉스가 이론적으로 발견했다.

물리학자 난부 요이치로가 발견한 '자발적 대칭성의 파괴' 현상을 사용하면 질량을 갖지 않고 광속으로 비행하는 힘을 매개하는 입자의 소립자에 질량을 갖게 할 수 있다. 마치 유령 같은 존재에게 다리가 자라게 해서 걷는 데 불편함을 주는 질량을 갖게 하는 것이다.

난부 요이치로는 소립자 물리학에서 자발적으로 일어나는 '대칭성 깨짐'을 발견한 공로로 2008년 노벨 물리학상을 수상했다.

힉스 입자가 이론적으로 발견되고 나서 그 존재를 확인하려는 다양한 실험이 있었다. 마침내 2012년 7월 유럽핵물리연구소(CERN)는 대형 강입자 충돌기(LHC)에서 양성자끼리 충돌시키는 실험을 하다 힉스 입자를 발견했다. 그 결과가 나오고, 앙글레르와 힉스는 2013년 노벨 물리학상을 수상했다.

LHC는 양성자 빔을 원주 27㎞ 안에 시계 방향과 시계 반대 방향으로 돌려 네 곳에서 충돌시킨다. 약 2,000조 번의 충돌 중에서 1,000개가 안 되는 힉스 입자의 후보를 찾아냈다(다음 페이지 그림 ①). 실험은 두 그룹으로 나눠 했다. 그리고 그 결과를 대조했다.

1조 번의 충돌에서 1개의 소립자 반응을 검출해내는 작업에 일본이 크게

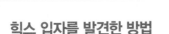

힉스 입자를 발견한 방법

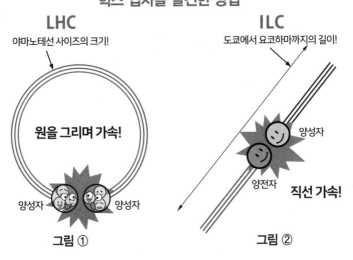

LHC
야마노테선 사이즈의 크기!

원을 그리며 가속!

양성자   양성자

그림 ①

ILC
도쿄에서 요코하마까지의 길이!

양성자

양전자

직선 가속!

그림 ②

기여했다. 1조 번의 반응을 모두 데이터로 기록할 수는 없다. 빔 교차 직후 즉시 선택해야 한다. 엄격히 선택해야 하지만 너무 지나쳐도 힉스 입자의 성질을 찾을 수 없다. 그 적절한 선택이 어렵다. 이 작업을 하기 위해서는 고성능 측정기를 건설해야 하는데, 38개국 3,000여 명의 연구원이 공동작업을 했다.

　LHC 실험으로 질량의 기원뿐만 아니라, 암흑 물질의 정체와 미니 블랙홀 탄생의 수수께끼를 풀 수 있다. 하지만 LHC는 사실 한계가 있다.

　우선 충돌하는 양성자가 보다 작은 소립자 집단이라는 것이다. 도쿄대학 수학 연계 우주연구기구의 무라야마 히토시 기구장은 말한다.

　"양성자라는 입자는 말하자면 찹쌀떡을 부딪치는 느낌이다." 정말 보고 싶은 건 찹쌀떡 팥소끼리 부딪쳐 나온 것이지만, 주위에 있는 속재료가 촉촉하다. 게다가 찹쌀떡을 부딪쳐도 팥소끼리 부딪치는 일은 거의 없다. 그래서 정말 보고 싶은 것을 볼 기회가 좀처럼 오지 않는다.

　또 하나의 LHC 문제는 둥근 모양이라는 데 있다. 입자가 휠 때 빛을 발하고 에너지를 잃는 성질이 있는데, 이래서는 곤란하다. 엄청난 에너지를 계속 공급해야 하기 때문이다. 이러한 어려움을 극복하고 LHC에서 힉스 입자를 발견한 것이다.

ILC에서 힉스 입자의 파트너를 찾는다

무라야마 히토시 기구장은 힉스 입자에는 가족과 친척이 많이 있을 것이라고 지적한다. 힉스 입자를 신의 입자라고 떠들어댔지만, 사실 신들의 입자인 것이다. 지금까지 발견된 입자는 힉스 입자 자신을 포함하여 17종이다. 제각기 거울에 비춘 것처럼 파트너가 될 입자, 말하자면 그림자 일족 같은 것이 한 종씩 존재한다. 그것을 고구마 덩굴처럼 한꺼번에 당기려는 것이 국제 선형 충돌기(International Linear Collider, ILC)다.

ILC는 깊이 약 100m 되는 땅 속에 수평으로 약 30㎞나 되는 직선 형태로 건설된다. 도쿄에서 요코하마 거리와 거의 같은 길이다. 그 터널에 양성자와 양전자를 한없이 광속에 가까울 때까지 가속시키고 중앙에서 충돌시켜 힉스 입자의 그림자 일족을 들추어내려는 것이다(27쪽 그림 ② 참조).

힉스 입자의 그림자 일족에는 암흑 물질이 숨어 있을지도 모른다. 암흑 물질을 직접 만들어 버리는 것이 ILC이기 때문이다. 빅뱅의 가장 초기의 시점, 1조분의 1초의, 그 1조 분의 1의, 또 그 1조분의 1까지 거슬러 올라간다. 거기에서 우주 법계의 온갖 진수를 그림으로 나타낸 만다라 같은 우주의 본질이 보인다. 그러면 우리가 어디서 와서 어디로 가는지가 ILC에 의해 밝혀질 것이다.

이 우주와는 다른 인간 중심 원리(128쪽 참조)에 의해 질서가 유지되는 다른 우주와 교신이 가능하게 될지도 모른다. 차세대의 미래를 개척하는 큰 희망의 빛이 비쳐오는 듯하다.

제 **2** 장

물리의 세계

| 운동과 열·전기 에너지 |

08 목을 삐기 쉬운 이유
—— 관성의 법칙(운동의 제1법칙)

> 외부에서 힘을 가하지 않는 한 정지해 있는 물체는 계속 정지하고, 등속직선운동을 하는 물체는 계속 등속직선운동을 한다.

관성의 법칙은 '계속한다'는 것이 중요

정지해 있는 물체는 외부에서 힘을 가하지 않는 한 계속 정지해 있다. 이게 상식이다.

하지만 외부에서 아무런 힘도 가하지 않았는데도 물체가 운동을 계속하는 것은 사실 이상하다면 이상한 일이다. 물체가 계속 운동하게 하려면 끊임없이 힘을 가해야 한다고 생각해왔다. 실제로 마차는 말이 달리기 때문에 계속 움직인다. 하지만 말은 지면과의 마찰이나 공기의 저항에 의한 감속을 극복하는 역할을 한다.

관성의 법칙에서 중요한 것은 계속한다는 것이다. 정지해 있는 물체는 계속 정지 상태를 유지하려 하고, 운동하는 물체는 운동 상태를 계속 유지하려는 경향이 있다. 그 상태를 변화시키기 위해서는 그 경향과는 반대로 힘을 가해 가속시켜야 한다. 하지만 물체는 변화가 싫다는 듯 저항하며 그때까지 했던 대로 계속 유지하려고 한다. 이러한 경향을 '관성'이라고 한다.

열차에 급브레이크가 걸렸을 때 열차 안에 서 있는 승객의 다리는 열차에 맞춰 감속한다. 그런데 상체에는 어디서도 힘을 받지 않았기 때문에 관성의 법칙에 따라 열차의 속도 그대로 앞으로 나아간다.

이로 인해 하반신과 상반신 사이에 속도 차이가 생겨 상반신만 앞으로 쏠린다(오른쪽 그림 참조).

자동차의 추돌사고로 갑자기 속도를 바꾼 경우를 생각해보자. 물체의 관

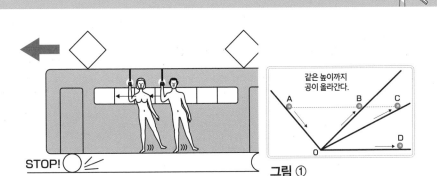

관성의 법칙　　급브레이크가 걸린 열차 안에서는 관성의 법칙에 따라 상체가 앞으로 쏠린다.

그림 ①

성 크기는 질량에 비례한다. 그런데 무거운데다 받쳐주는 힘이 약한 머리 부분은 속도 차이가 커져서 목을 삐기(채찍질증) 쉽다.

경사면을 이용해 관성의 법칙을 느낀다

관성의 법칙을 처음으로 알아낸 사람이 갈릴레오 갈릴레이다.

갈릴레오는 경사면 A 지점에서 O 지점까지 굴러 떨어진 공이 경사면을 따라 올라가면 경사의 각도에 관계없이 A 지점과 동일한 높이 B 지점이나 C 지점까지 올라가 멈춘다는 것을 알았다(위 그림 ①).

그렇다면 경사면을 점점 줄여, 수평 OD로 하면 공은 어디까지 가도 A 지점의 높이에 도달하지 못하므로 영원히 운동을 계속해 지구를 한 바퀴 돌 것이라고 추론했다. 이것을 등속 원운동이라고 한 것은 잘못이지만 말이다.

관성의 법칙을 발견한 사람

갈릴레오(1564~1642)의 제한된 관성의 법칙을 극복하고 이를 역학의 법칙으로 정립한 사람이 르네 데카르트(1596~1650)다. 그런데 아이작 뉴턴(1642~1727)은 여기에 운동의 제1법칙이라는 이름을 붙였다. 그렇기는 하지만 '뉴턴'을 일부러 붙여 뉴턴의 운동 제1법칙이라고 하는 것은 지나치게 경의를 표하는 듯한 느낌이 든다.

09 스포츠카가 전력 질주할 수 있는 이유
—— 가속도의 법칙(운동의 제2법칙)

> 물체의 가속도는 그 물체에 작용하는 힘에 비례하고 물체의 질량에 반비례한다. 그 방향은 힘의 방향과 일치한다.

스포츠카의 가속이란?

스포츠카가 전력 질주할 수 있는 이유는 장착된 엔진의 동력이 크고 차체가 가볍기 때문이다. 이것을 물리 언어로 바꿔 말하면 스포츠카는 물체의 가속도는 그 물체가 갖는 엔진의 파워에 비례하고, 가벼운 차체 즉, 작은 질량에 반비례하여 커진다.

운동의 제2법칙

이 운동의 법칙을 발견한 사람이 뉴턴이다. 그래서 뉴턴의 운동 제2법칙(또는 가속도의 법칙)이라고 부른다. 앞서 말한 뉴턴의 운동 제1법칙(관성의 법칙)과 제2법칙은 서로 짝을 이룬다. 전자는 물체가 외부의 압력을 받지 않는 경우이고, 후자는 외부의 압력을 받는 경우다.

파워풀하고 가벼운 차일수록 빠르다.

$$a = \frac{f}{m}$$

또는 $f = ma$

f : 물체에 작용하는 힘
m : 물체의 질량
a : 가속도

벽돌 1개와 벽돌 2개의 가속도는 같다

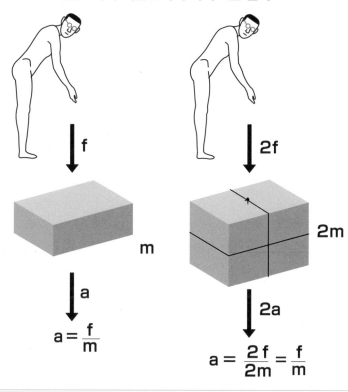

> 벽돌 1개와 벽돌 2개 묶은 것을 자유낙하시키면, 물체에 작용하는 힘 f와 물체의 질량 m의 비는 일정하다. 즉, 가속도는 같다.

뉴턴의 운동방정식 범위

뉴턴의 운동방정식에 따르면 계속해서 일정한 힘을 가하면 속도가 점점 빨라져 언젠가는 광속을 넘어 버린다. 그러면 상대성이론의 광속 불변의 원리(44쪽 참조)에 어긋난다. 뉴턴의 식을 적용할 수 있는 범위는 어디까지나 물체의 속도가 광속에 비해 충분히 작을 때에 한한다. 우리가 일상생활을 하면서 마주하는 물체는 매초 30만km의 광속에 비해 충분히 작은 속도로 운동한다. 뉴턴의 식에 수치를 대입하더라도 아주 작은 오차밖에 생기지 않는다. 물론 물체의 속도가 광속에 가까울수록 상대성이론의 운동방정식을 사용해야 한다.

10 만원 전철에서 서로 밀치기
—— 작용·반작용의 법칙(운동의 제3법칙)

> 한 물체가 제2의 물체에 힘(작용)을 미치면 제2의 물체는 반드시 크기가 같고 반대 방향의 힘(반작용)을 제1의 물체에 미친다.

만원 전철 속의 과학

만원 전철 안의 밀고 밀리는 대혼잡을 생각해 보자. 다른 승객에게 밀려 자신도 모르게 당신은 옆 사람을 밀었다. 그런데 상대는 밀리지 않으려고 필사적으로 버티며 이쪽으로 되밀어주는 방향에 힘을 실어 당신은 균형을 유지할 수 있었다.

이것을 작용·반작용의 법칙, 일명 뉴턴의 운동 제3법칙이라고 한다.

작용·반작용의 법칙은 모든 곳에서 일어난다

세상에서 힘이 작용하면 어떤 곳이든 반드시 작용·반작용의 상호 작용이 생긴다. 예컨대 물고기가 지느러미로 물을 뒤로 밀면, 물은 물고기를 되밀어 앞으로 나아간다. 바람이 나뭇가지를 흔들고 나뭇가지는 바람을 되밀어 소리를 낸다.

자동차 타이어가 도로를 밀면 도로는 타이어를 되밀어 자동차를 앞으로 나아가게 한다. 로켓이 가스를 분사하여 밀어내면 가스가 로켓을 밀어 올린다(오른쪽 그림 참조).

작용과 반작용이 가속도를 낳을 경우, 작용·반작용의 법칙에서는 '계*'의 안팎이라는 개념이 중요하다. 작용과 반작용의 힘이 계의 내부에 있다면, 작용과 반작용은 크기가 같고 방향이 반대이므로 서로 상쇄되어 계의 가속도를 낳지 않는다. 어느 한쪽이 계의 외부에 있어야 비로소 작용·반작용의 힘이 서로 상쇄되지 않고 가속도를 낳는다.

---

* **계** 일정한 상호 작용 또는 상호 관련을 갖는 물체의 집합이다.

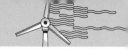

다양한 작용·반작용의 예

작용 　 : 타이어가 도로를 밀어낸다.
반작용 : 도로가 타이어를 밀어낸다.

작용 　 : 로켓이 가스를 밀어낸다.
반작용 : 가스가 로켓을 밀어낸다.

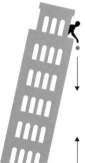

작용 　 :
지구가 공을
끌어당긴다.

반작용 :
공이 지구를
끌어당긴다.

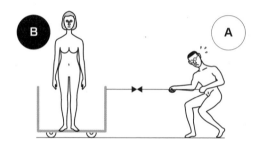

A가 B를 끌어당기면 B는 가속하여 움직이기 시작한다. B도 A를 끌어당기지만, B 자신이 아니라 A에게 영향을 미칠 뿐이다. 여기서 B가 하나의 계 안에 있고 A가 계 바깥에서 B를 끌어당기기 때문에 B의 힘은 A의 힘으로 상쇄되지 않는다. A와 B를 함께 가속하려면 두 사람에게 외부의 힘이 필요하다. 예컨대 A의 신발과 바닥의 마찰이 적어 미끄러지게 되면 동시에 움직이기 시작한다.

보트 2척에 탄 사람끼리 줄다리기를 하며 같은 속도로 움직이기 시작했다면, 2척의 보트와 사람은 같은 관성 질량을 갖는다.

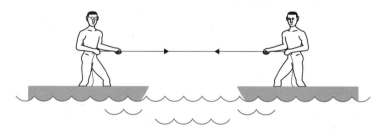

만원 전철에서 서로 밀치기 —— 작용·반작용의 법칙(운동의 제3법칙)

11 역학의 황금 법칙
—— 일의 원리

> 도구나 기계를 사용한 일에서, 힘의 크기 또는 이동거리의 어느 한 쪽을 확대할 수는 있어도 일의 양을 얻는 것은 아니다. (일의 양) = (힘의 크기) × (이동거리)

일을 하는데 드는 힘을 절약한 역사

넓은 의미의 일이란 사람의 능동적인 활동 전반을 가리킨다. 물리적으로는 물체에 힘이 가해지면 그것이 움직이듯이, 물체에 외력이 작용한 것을 말한다.

이 물리적인 일의 개념을 어렴풋이나마 지각한 것은 태고의 거석문화가 존재했던 선사시대였다. 보통 사람의 힘을 뛰어넘는 커다란 힘이 넓은 의미의 인간의 일에서 물리적인 일을 분리시킨 것이다. 그 이전의 수렵채집시대에는 던지고, 쳐넣고, 들어올리고, 들고 다니고, 잡아끌고, 짊어지는 등의 동작을 혼자 하거나 두 사람, 혹은 더 많은 인원이 협동 작업을 통해 처리했다. 농업이 시작되면서 잉여생산물을 둘러싸고 지배와 침략이 횡행하게 되었고 왕을 위한 궁전이나 봉분묘를 축조하기 시작하면서 한 번에 수십 명, 수백 명 규모의 노동력이 필요하게 되었다. 사람의 힘만으로 일을 해내기 어려울 때는 굴림대, 쐐기, 지렛대, 도르래 등의 도구를 사용하기도 했다. 이러한 도구를 단순 기계라고 한다. 전체의 작업량이 막대하면, 한 노동자에게 부과되는 일도 증가하고 위험도 나름대로 늘어난다.

당시 노동자 대다수는 피정복 민중이고, 현장 감독은 같은 동료 중 지능이 뛰어난 자가 맡았다(지배자는 이렇게 함으로써 교묘하게 일의 능률을 높였다). 그렇기 때문에 감독은 동료의 노동을 조금이라도 줄이기 위해 이러한 단일 기계를 발명했다(와타나베 마사루『친근한 물리학의 역사』동양서점). 고대 그리스 사람들은 이 기계로 인해 힘이 절약되었을 때, 문득 깨달았다.

'힘을 절반으로 줄이면, 힘에 의한 이동거리가 두 배로 늘어난다. 힘은 절

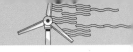

사람의 힘을 뛰어넘는 커다란 힘이 물리적인 일이다

일의 원리

> **일 [J]** = 힘의 크기 [N] × 힘의 방향으로 움직인 거리 [m]

약할 수 있었지만, 힘과 이동거리의 곱은 조금도 절약할 수 없다.'

역학의 황금 법칙

힘과 이동거리의 곱이 일정한 것을 '역학의 황금 법칙'이라고 한다. 역학의 황금 법칙은 아라비아를 거쳐 유럽에 전해졌는데, 19세기 전반 프랑스의 토목기사이자 물리학자인 구스타프 코리올리(1792~1843)는 이것을 하나의 물리량으로 다룰 것을 제안했다. 파리대학 물리학과의 퐁슬레 교수가 이에 찬성하며 [㎞ × m]라는 단위를 제안했다. 이렇게 해서 한 일 또는 가해준 일(Work Done)이라는 개념과 양이 물리량으로 확립되었다.

에너지의 개념

일을 할 수 있는 것도 일을 해낼 능력이 있기 때문이다. 이것을 에너지라고 한다. 에너지는 그리스어 에르곤(ergon)에서 유래된 말로 어떤 물체가 일을 하도록 만드는 모든 힘을 가리킨다. 에르곤(ergon)에 '안에서'를 뜻하는 접두어 엔(en)이 붙어 에네르게오가 되었고, 이 단어에서 독일어 에네르기(Energie), 영어의 에너지(energy)가 유래되었다. 에너지가 단일 개념을 갖게 된 것은 19세기 중반이다.

12 도박사가 모르고 사용하는 법칙
—— 운동량 보존의 법칙

> 물체의 질량과 속도의 곱을 운동량이라고 한다. 하나의 물체에 외부에서 힘을 가하지 않으면 그 물체의 운동량은 보존된다. 관련된 두 개 이상의 물체끼리 서로 영향을 미치는 힘만이 운동에 관계하는 계에서도 그 계의 모든 운동량의 합은 보존된다.

물리적 운동량

일상생활에서 운동량이라는 말은 "당신, 요즘 운동량이 부족한 것 같아요. 그렇게 해서 살이 빠지겠어요?"라고 말할 때나 사용한다. 물리에서는 운동량을 질량 × 속도로 정의한다. 캐치볼을 할 때 스피드가 있는 공을 받으면 손이 아프지만, 천천히 날아오는 공을 받을 때는 아프지 않다. 같은 속도라도 야구공보다 가벼운 탁구공 쪽이 덜 아프다. 즉, 운동의 강도라 할까, 세기라 할까, 운동량은 속도와 질량, 양쪽과 관련이 있다. 운동량은 외부에서 힘을 가하지 않는 한 보존된다.

운동량의 보존은 특히 충돌 현상을 설명하는 데 많은 도움이 된다.

당구의 운동 법칙

당구에서 정지해 있는 공 B에 공 A가 정면충돌하면, A는 멈추고 B는 A와 같은 속도로 전진한다. 만일 중심을 벗어나 충돌하면, A, B는 직각으로 나뉘어 움직인다. 질량은 변하지 않으므로 운동량, 즉 속도는 힘의 평행사변형 법칙을 그리는 법으로 구할 수 있다. 속도나 힘은 크기뿐만 아니라 방향을 갖는 양 = 벡터(방향이 있는 양)이기 때문이다(오른쪽 그림 참조).

다만 당구에서는 움직이는 공에 부딪치는 경우도 있고, 이대로 되지 않는 경우도 있다. 이런 점이 당구의 묘미이다.

당구의 운동 법칙

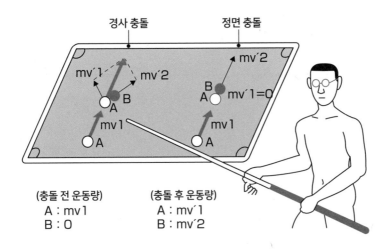

경사 충돌   정면 충돌

$mv'1$ $mv'2$ $mv'2$

B $mv'1=0$
A

$mv1$ $mv1$

A   A

(충돌 전 운동량)   (충돌 후 운동량)
A : $mv1$ A : $mv'1$
B : 0   B : $mv'2$

운동량 보존의 법칙 실험

①   ②

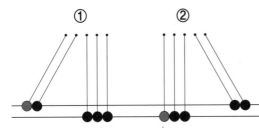

①은 충돌 전, ②는 충돌 후. 떨어뜨리는 개수와 튀어 오르는 개수가 같다. 두 개를 떨어뜨리면 두 개가 튀어 오른다.

탄성충돌이란?

당구공이 충돌하기 전후의 운동 관계를 결정하는 조건은 충돌하는 물체의 재질에 따라 다르다. 당구공으로 쓰이는 상아공끼리는 충돌해도 변형되지 않고 열도 거의 발생하지 않는다. 이러한 충돌을 탄성충돌이라고 하는데, 이 경우 운동량 보존의 법칙으로 움직임을 예측할 수 있다.

탄성충돌은 일반적으로 탄성체 2개가 충돌하는 것을 말하는데, 반발 계수 e의 값에 따라 e = 1을 완전 탄성충돌, e = 0을 완전 비탄성충돌 혹은 소성 충돌, 1 > e > 0을 비탄성충돌이라고 한다. 충돌 전후 두 물체의 운동 에너지의 합은 e = 1일 때 변화가 없고, e < 1일 때는 충돌에 의해 감소한다.

참고로 기체 분자 간 충돌도 완전한 탄성충돌이다.

13 브레이크에 오일을 사용하는 이유
—— 파스칼의 원리

> 밀폐된 유체의 일부에 압력을 가하면 모든 방향에서 같은 크기로 압력이 전달된다.

파스칼의 원리가 자동차 브레이크에 사용되고 있다

파스칼의 원리에서 말하는 '유체(流體)'란 액체와 기체를 합쳐 부르는 용어이고, 압력의 세기라는 것은 단위면적당 작용하는 힘을 말한다.

예를 들어 파스칼의 원리에 의해 2㎠의 면적에 2㎏의 힘을 가하면, 1㎠당 1㎏의 힘이 전해지고, 100㎠의 단면적에는 총 100㎏의 힘이 가해진다. 불과 2㎏의 힘으로 100㎏의 힘을 생산할 수 있는 것이다(오른쪽 그림 ② 참조).

그래서 파스칼의 원리는 차량의 브레이크에 사용되고 있다.

자동차 브레이크에는 오일 브레이크를 많이 사용한다

브레이크는 회전하는 차바퀴 또는 차축에 회전을 방해하는 힘을 작용시켜 감속시킨다. 그렇기 때문에 압축공기의 압력을 사용하는 공기 브레이크도 힘을 작용시키는 데 이용하지만, 보통은 오일 브레이크(유압 브레이크)를 많이 사용한다. 오일 브레이크는 브레이크 페달을 밟는 순간, 구부러진 파이프 속에 담긴 기름을 통과하며 수십 배가 된 힘을 브레이크슈에 전달하여 모든 바퀴에 균일한 힘을 가한다(오른쪽 그림 ① 참조).

유압식 잭도 같은 원리다. '인간은 생각하는 갈대'라고 말한 블레즈 파스칼은 자신이 발견한 원리가 이런 식으로 사용될 줄은 꿈에도 몰랐을 것이다.

파스칼은 31살 때 마차의 전복사고를 계기로 수도원에 들어가 '생각하는 갈대'로서 사색과 저작에 전념하며 살았다. 과학자로서의 활동은 그 사고 이전의 일이다.

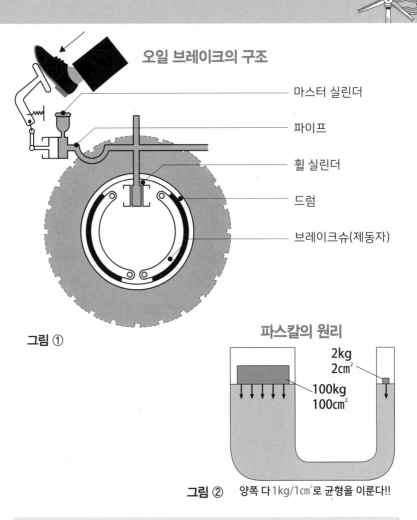

오일 브레이크의 구조

마스터 실린더

파이프

휠 실린더

드럼

브레이크슈(제동자)

그림 ①

파스칼의 원리

2kg
2cm²

100kg
100cm²

그림 ② 양쪽 다 1kg/1㎠로 균형을 이룬다!!

블레즈 파스칼의 실험(1623~1662)

갈릴레오 갈릴레이의 제자 토리첼리는 한쪽이 막힌 1m나 되는 긴 유리관에 수은을 가득 넣은 후, 관 속에 공기가 들어가지 않도록 막히지 않은 쪽을 손으로 막으면서 수은을 넣은 용기 속에 거꾸로 세웠다. 그러자 유리관 속의 수은이 밑으로 내려오다가 약 76㎝ 높이에서 멈추었다. 관 속의 수은주가 용기 속의 수은 면에 작용하는 대기압에 의해 받쳐져 있기 때문이다. 이것이 기압계의 원리이다. 이 실험에 흥미를 가진 파스칼은 즉시 추가 실험을 실시했다. 장치를 산 정상에 가지고 가 대기압의 변화를 관찰한 것이다. 압력의 단위 Pa(파스칼)도 그의 이름에서 유래한다. 파스칼은 실험을 거듭한 결과 '파스칼의 원리'에 도달했다.

14 무거운 비행기가 어떻게 공중에 뜨는 걸까? ── 베르누이의 정리

> 흐름 속에서는 흐르는 속도가 빠를수록 압력이 낮고 느릴수록 압력이 높다.

공기가 끌어당기는 힘

역의 플랫폼에 서 있으면 지나가는 급행열차에 끌려들어갈 것 같이 느껴진다. 왜 그럴까? 원래 물체가 움직이기 시작하면 공기의 점성(공기 등의 유체가 유도할 때 각 부분이 서로 저항하는 성질) 때문에 물체 표면 근처에 있는 공기가 물체에 달라붙어 있는 것처럼 함께 움직인다. 이에 이끌리 듯 물체로부터 어느 범위 안에 있는 공기도 동일한 방향으로 흐른다.

무거운 비행기가 뜨는 이유

급행열차의 경우에도 열차 근처의 공기가 거의 같은 속도, 같은 방향으로 흐른다. 그런데 반대편의 플랫폼에 서있는 사람 주위의 공기는 정지해 있고 압력도 1기압 상태다. 그러면 '흐름 속에서는 흐르는 속도가 빠를수록 압력이 낮고 느릴수록 압력이 높다'는 베르누이의 정리에 따라 열차가 통과하는 쪽은 흐름이 빠르고, 압력이 반대편의 1기압보다 낮아진다. 이러한 압력 차이로 인해 끌려들어가는 느낌이 드는 것이다.

무거운 비행기가 공중에 뜨는 이유도 같은 원리다. 비행기 날개 위쪽이 아래쪽보다 공기의 흐름이 빨라 압력이 작으므로 거기에 생기는 압력 차이가 양력(유체 속의 물체가 수직 방향으로 받는 힘)이 되어 공중에 빨려드는 것처럼 비행기가 뜨게 된다(오른쪽 그림 참조).

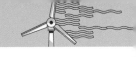

무거운 비행기가 어떻게 공중에 뜰 수 있는 것일까?

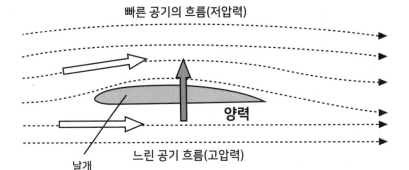

빠른 공기의 흐름(저압력)

양력

느린 공기 흐름(고압력)

날개

날개 위아래의 공기 흐름

빠른 흐름 속에서는 압력이 낮아지고,
느린 흐름 속에서는 압력이 높아진다.

베르누이 정리의 공식

$$\rho gh + p + \frac{1}{2}\,\rho v^2 = 일정$$

ρ : 유체의 밀도 　　　g : 중력 가속도

h : 임의의 수평면 높이

P : 유체의 정압 　　　v : 유체의 속도

베르누이의 정리

　사실 베르누이의 정리는 유체역학의 기본 법칙 중 하나지만 공식으로 표현하면 위 수식처럼 꽤 복잡하다.

　앞의 정리 '흐름 속에서는 흐르는 속도가 빠를수록 압력이 낮고 느릴수록 압력이 높다'는 사실은 베르누이의 정리에서 도출된 것이다. 베르누이의 정리는 다니엘 베르누이가 1738년에 발표했다.

베르누이 가(家)의 역사

베르누이 가(家)는 네덜란드 플랑드르 지방에서 스위스로 이주해온 일족으로 뛰어난 학자와 예술가 등을 배출했다. 특히 17세기 말부터 약 100년 동안 8명의 수학자를 배출했는데, 다니엘 베르누이도 그 중 한 사람이다.

15 20세기 과학의 금자탑

—— 특수상대성이론과 일반상대성이론

> 상대성이론은 운동 상태가 서로 다른 관측자가 같은 현상을 어떻게 받아들이느냐에 대한 이론이다.

'아인슈타인의 상대성이론'과 '광속불변의 원리'가 기반

정지해 있는 관측자와 그에 대해 등속도로 움직이는 관찰자의 입장을 일괄해서 '관성계(뉴턴의 운동 제1법칙이 성립하는 좌표계)'라고 한다.

아인슈타인은 물리법칙이 모든 관성계에 동일하게 적용된다는 원칙을 하나의 원리로 해서 특수상대성이론을 확립했다. 갈릴레오의 상대성원리(좌표계가 변해도 물리법칙이 달라지지 않고 불변의 형식을 갖는다는 원리. 116쪽 참조)는 역학에 한정된 것이었으나 아인슈타인은 온갖 물리법칙으로 확장했다.

아인슈타인은 광속불변의 원리도 수립했다. 이 두 원리를 전제로 일직선상을 일정한 속력으로 운동하는 자신의 등속직선운동(등속도 운동)을 관측해(오른쪽 그림 ① 참조) 다음과 같은 좀처럼 받아들이기 힘든 총론을 도출해 냈다.

① : 동시성의 개념이 상대적이다.

② : 시간이 팽창한다(보통 시간이 잘 안 간다고 표현한다).

③ : 공간의 길이가 짧아진다.

그런데 뉴턴의 역학과 맥스웰의 전자기학 양쪽 다 불변하는 변환 법칙은 사실 눈을 씻고 보아도 찾을 수가 없다.

나는 이 상황이 뉴턴과 맥스웰을 낳은 대영제국의 '팍스 브리태니카(Pax Britannica)'의 붕괴를 잘 상징한다고 생각한다.

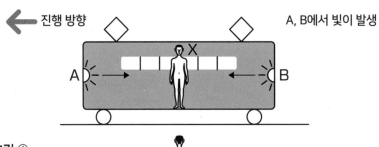

그림 ①
등속직선운동을 관측

관찰자 X : A는 조금 전에 빛났다.
Y : A와 B가 동시에 빛을 냈다.

45

아인슈타인은 맥스웰의 전자기학 쪽을 보다 근원적이라고 생각했다. 그렇게 되면 뉴턴의 역학을 수정해야만 된다.

수정해야 할 것이 한두 가지가 아니지만 그 중 가장 핵심적인 부분은 질량이다. 물체를 광속으로 접근시키면 접근하는 데 사용된 힘은 물체의 속도를 증가시키고, 질량도 증가시킨다. 힘이 행한 일, 즉 에너지는 질량으로써 물체에 비축된다. 이렇게 해서 질량과 에너지 보존(동등성)의 법칙을 이끌어 냈다.

아인슈타인이 자살을 생각했다?!

그런데 아인슈타인은 높은 곳에서 떨어지는 자살을 생각했던 것은 아니었을까? 갑자기 이상한 말을 한다고 생각하겠지만 건너뛰지 말고 읽어주기 바란다.

아인슈타인이 특수상대성이론을 세상에 내놓은 지 2년 후의 일이다. 1907년 어느 날, '내 생애에 가장 훌륭한 착상'이라고 훗날 자화자찬하는 생각이 그의 머릿속에 번뜩였다. 만일 사람이 중력작용에 몸을 맡기고 떨어진다면 그 사람은 자신의 무게를 느끼지 못할 것이라는 생각을 하게 된 것이다.

갈릴레오가 피사의 사탑 꼭대기에서 공 두 개를 떨어뜨려 중력낙하 실험을 했던 그때로부터 300년이 지난 후 이곳에 공중에서 떨어지는 사람의 모습과 자신을 일체화시키는 인간이 나타난 것이다.

그것이 왜 '가장 훌륭한 착상'이라는 건지, 도무지 이해가 되지 않는가? 그렇다면 체중계에 몸을 싣고 높은 곳에서 뛰어내리는 자신을 상상해보라. 그러면 체중계의 눈금이 0으로 표시될 것이다. 다시 말해 우주공간의 무중력 상태를 실감할 수 있다. 하지만 제발 실행은 하지 말기 바란다.

아인슈타인은 이렇게 줄이 끊어져 자유 낙하하는 엘리베이터와 가속도를 높여 쭉쭉 위로 끌어올리는 두 가지 사고실험(머릿속으로 하는 실험)으로 오늘날 일반상대성이론이라 불리는 '중력과 가속도의 등가성'이라는 인식에 도달하였다.

평소 엘리베이터에 탈 기회가 많은 사람이라면 쉽게 알 수 있을 것이다. 엘리베이터가 내려갈 때 몸이 붕 뜨는 듯하고, 엘리베이터가 올라갈 때는 바닥이 발을 쳐올리는 듯한 느낌이 드는 것을 말이다.

서로 어긋난 우주론과 상대성이론

오른쪽 그림 ②와 ③을 보면 중력, 즉 가속도가 작용하는 시공간에서 빛이 휜다는 것을 알 수 있다. 일반상대성이론을 발표한 1917년 당시 우주는 정적이며, 팽창도 수축도 하지 않는다고 믿었다. 하지만 일반상대성이론 방정식에서는 정적인 해답이 나오지 않았다. 난처했던 아인슈타인은 중력의 효과를 상쇄하는 우주상수를 삽입해 정적인 우주론의 개념을 완성했다. 그런데 그로부터 12년 후, 에드윈 허블이 우주가 실제로 팽창한다는 사실을 발견했다(120쪽 참조). 아인슈타인은 우주상수의 도입이 '인생 최대의 실수'

그림 ②
중력이 없다는 것이
무슨 뜻이지?

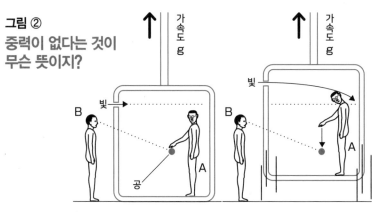

가속도 g

빛

B

빛

A

공

B

가속도 g

빛

A

관찰자

A : 공은 가속도 g로 떨어진다. 빛도 구부러진다!
B : 공은 공중에 뜬다. 빛도 직진한다!

그림 ③
중력장에서 빛은
굴절한다

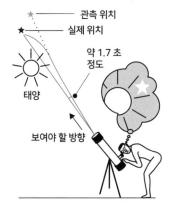

★ ─── 관측 위치
★ ─── 실제 위치

약 1.7 초 정도

태양

보여야 할 방향

이것을 '아인슈타인 효과'라고도 한다.

라고 인정하고 우주상수를 철회했다. 이로써 우주상수는 자취를 감추었다. 이렇게 해서 사라진 우주상수가 1998년 극적으로 부활한다. 우주가 가속 팽창한다는 사실이 발견된 것이다(25쪽 참조). 역시 중력의 효과를 부정하는 힘이 작용한다! 암흑 에너지를 가정하는 수밖에 없는데, 그 정체를 알게 되면 중력과 자연계 외의 다른 힘을 통일하고자 했던 아인슈타인의 꿈이 성취되게 된다.

16 니체의 '영원회귀'는 이 법칙에 기초를 두었다?! —— 에너지 보존의 법칙

> 에너지의 출입이 없는 닫힌 공간에서 에너지의 총량은 항상 일정해서 시간에 따라 변하지 않는다.

역학적 에너지는 불변한다!

에너지의 종류는 다양하다. 역학 에너지, 전자기 에너지, 열 에너지 등이 있는데, 갈릴레오 갈릴레이가 역학적 에너지 보존의 법칙을 발견했다.

갈릴레오는 진자를 이용한 실험(오른쪽 그림 ①)에서 진자가 어떤 지점에서 어떤 지점까지 왕복운동을 할 때, 처음과 마지막의 높이가 같다는 '진자의 원리'를 발견한다. 진자의 최고점에서 위치 에너지는 최대이며 그 순간 멈춰 있기 때문에 운동 에너지는 제로다.

진자가 최하점을 향해 흔들리는 도중에는 위치 에너지가 작아지고 운동 에너지는 커진다. 최하점에서는 위치 에너지가 제로, 운동 에너지가 최대가 된다. 이때 위치 에너지와 운동 에너지의 합은 진자가 어디에 있든 계속 일정하며 변하지 않는데, 이것을 역학적 에너지 보존의 법칙이라 한다. 이 법칙을 응용한 것이 놀이공원의 롤러코스터다(오른쪽 그림 ②).

전자기적 에너지 보존 법칙

전자기적 에너지 보존 법칙은 미리 배터리 등으로 충전해 놓은 콘덴서를 코일과 병렬로 연결한다. 그러면 콘덴서의 전극 간 전기장 에너지가 콘덴서에서 코일로 흐르는 전류에 의해 점점 감소하다 이윽고 제로가 된다. 그동안 코일을 흐르는 전류가 증가해서 코일에 발생하는 자기장의 에너지가 증가하여 최대가 된다. 전기장과 자기장의 에너지는 진자처럼 시간에 따라 변하지만, 그 총합은 항상 일정하게 보존된다.

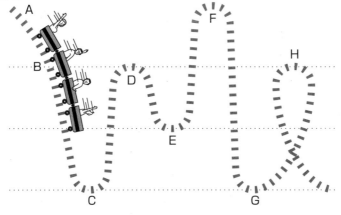

A
F
H
B
D
E
C
G

롤러코스터의 역학 이론

롤러코스터는 처음에 권양기로 높은 곳으로 끌어올리지만 그 후에는 관성만으로 달린다. 그렇기 때문에 동력원은 최고점의 위치 에너지뿐이고 속도는 낙차만으로 결정된다. 예컨대 그림 B, D, H 세 점에서 방향은 각기 달라도 속도는 같다.

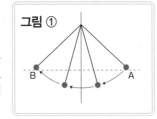

그림 ①

B   A

에너지의 총합은 항상 일정하다

그런데 진자 역시도 언제까지나 진자 운동을 계속하는 것이 아니라 결국은 멈춘다. 진자의 추가 공기 저항을 받고, 진자 끈의 마찰도 있어 운동이 점점 줄어든다. 에너지도 감소하지만 그만큼 열에너지로 변환되어 발산하기 때문에 그 분량을 포함한 에너지의 총량은 변하지 않는다.

이처럼 단일 종류의 에너지도 열이 되어 바깥으로 빠져나가는 부분이 반드시 생긴다. 빠져나간 부분을 포함하여 모두 합치면 에너지의 총량은 항상 일정하다. 이것이 에너지 보존의 법칙이며, 열역학 제1법칙이다.

수력발전에서는 수면의 낙차가 운동 에너지가 되고 발전기가 전기 에너지로 바꾼다.

17 이상적인 엔진을 추구한다
—— 카르노의 정리

> 이상적인 기계는 같은 양의 열이 이동함으로써 같은 양의 일이 발생하고 그 양은 온도만으로 결정된다.

최대의 효율을 얻는 카르노 사이클

19세기 초, 프랑스는 유럽의 패권을 둘러싸고 영국과 끊임없이 싸우다 패한다. 패한 원인이 뒤떨어진 공업에 있다고 생각하여 증기기관을 발전시키려고 노력한 애국자가 있었다. 바로 니콜라 레오나르 사디 카르노(1796~1832)다. 카르노는 '열기관'에서 끌어낼 수 있는 동력을 최대로 하려면 어떻게 해야 하는가를 검토한 결과 열의 이동에는 두 종류가 있음을 알아냈다.

하나는 부피의 변화를 동반하는 이동으로, 그 때 '부피의 변화 × 압력'으로 표시되는 작업을 한다.

또 하나는 고온의 물체와 저온의 물체를 접촉시켰을 때 고온에서 저온으로 한 방향으로만 열이 이동하는 현상이다. 하지만 이것만으로는 아무런 작용도 하지 못한다.

열의 이동을 이용하여 최대의 동력을 얻기 위해서는 온도차에 의한 이동을 없애고 부피 변화에 따른 열의 이동만 일으키도록 하면 된다. 이것을 실현하기 위해 카르노가 생각해낸 것이 카르노 사이클이라고 불리는 과정이다. 우선, 실린더 안의 기체가 열을 공급하는 열류 1과 동일한 온도(T_1)가 되어 있는 상태에서 시작해보자(다음 페이지 그림). 열류에서 공급된 열이 피스톤을 밀어 올리면서 실린더 안으로 이동한다. 이 과정에서 동력을 얻어 상태 B가 된다. 다음에 온도가 낮은 열류 2(온도 T_2)에 갑자기 접촉하지 않고, 단열재를 사용하여 열의 출입이 없도록 해 두고 피스톤을 더욱 끌어올린다.

카르노 사이클

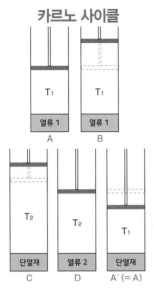

A · B · C · D · A´ (= A)

열류 1 · 열류 1 · 단열재 · 열류 2 · 단열재

T₁ · T₁ · T₂ · T₂ · T₁

↑ 카르노 사이클은 A로부터 A´ = A의 일련의 과정에서 열 이동에 따른 에너지를 발생시킨다.

카르노 사이클의 압력 – 체적도

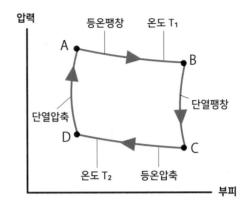

그러면 열은 보다 큰 부피로 퍼져 기체의 온도가 내려간다. 이것을 '단열 팽창'이라고 한다. 이 과정을 급격하게 해서 안에 있는 것을 차게 하는 것이 냉장고의 원리다.

온도를 T_2가 될 때까지 내려 C의 상태로 만든 후 열류 2와 접촉시켜 온도를 T_2로 유지한 채 피스톤을 천천히 밀어내려 D의 상태로 만든다. 이때 작업을 해야만 하지만, 앞에서 동력을 얻은 일에 비해 낮은 온도에서 하는 과정이므로 기체의 압력이 낮아 보다 적은 일이 된다. 마지막으로 단열 조치를 한 후 피스톤을 밀어 내린다. 이번에는 열이 보다 작은 부피 안에 들어가 온도가 올라가면서 부피도 온도도 처음 A와 같은 상태로 되돌아간다. 카르노 사이클은 최대의 효율을 얻는 이상적인 열기관인 것이다.

18 욕실에 세탁기를 두어서는 안 되는 이유 —— 옴의 법칙

> 도선을 흐르는 전류의 세기(암페어)는 전압(볼트)에 비례하고, 전기 저항(옴)에 반비례한다.

옴의 법칙이란?

전기의 흐름을 물의 흐름에 비유하면 옴의 법칙을 이해하기 쉽다.

높은 곳의 물이 관을 통해서 낮은 곳으로 흘러가는 모습을 상상해보라.

물이 떨어지는 높이가 전압, 물이 흐르는 속도가 전류, 관이 물의 흐름을 방해하는 정도가 저항이다. 저항을 이해하기는 좀 어렵지만 관의 굵기가 가늘수록 잘 흐르지 않고 저항이 크다고 생각하면 이해하기 쉽다.

전류는 전압이 높을수록 빠르게 흐른다. 다시 말하면 전류는 전압에 비례하고 저항에 반비례한다.

접지의 역할은 의외로 중요하다!

세탁기 같은 가전제품의 도선은 절연체로 덮여 있다. 그런데 절연체가 벗겨져 도체인 사람이 도선의 금속부분을 만지게 되면 몸속을 통해 바닥으로 전류가 흐른다.

손발이 땀으로 젖어 있거나 하면 인체의 전기 저항은 작아진다.

전압은 일정하고 저항이 감소하므로 옴의 법칙에 따라 전류가 많이 흐른다.

보통, 0.1 암페어의 전류가 심장에 흐르면 죽는 것으로 알려져 있다.

욕실 등 물기가 있는 곳에 세탁기를 두지 말라고 하는 것도 이런 이유에서다. 다만 이러한 경우에도 접지를 붙여 주면 괜찮다. 대부분의 전류가 저항이 작은 접지선을 타고 지면으로 흘러 전기 저항이 큰 인체에는 거의 흐르지 않기 때문이다.

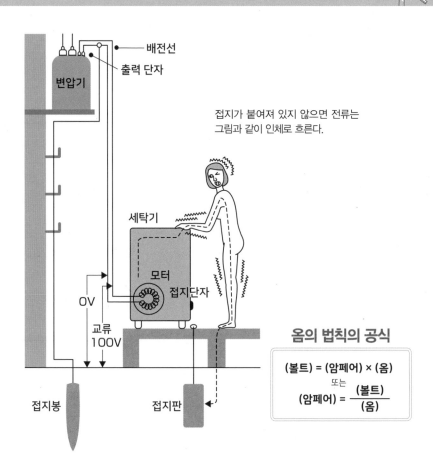

배전선
출력 단자
변압기

접지가 붙여져 있지 않으면 전류는
그림과 같이 인체로 흐른다.

세탁기

모터
접지단자

0V

교류
100V

접지봉

접지판

옴의 법칙의 공식

$$(볼트) = (암페어) \times (옴)$$

또는

$$(암페어) = \frac{(볼트)}{(옴)}$$

15년간 인정받지 못한 옴의 법칙

옴의 법칙은 이해하기 쉽고 자명한 이치다. 그런데 독일의 물리학자 게오르그 시몬 옴 (1789~1854)이 1826년 이 법칙을 발표한 이후 15년간이나 인정을 받지 못했다. 당시에는 가전제품 같은 것이 전혀 없었고, 있는 것이라고는 실험실 안이나 과학적 구경거리, 혹은 번개 등의 자연현상이 고작이어서 전기현상에 익숙하지 않았기 때문이다.

옴이 표현하는 말 자체를 이해하기도 어려웠지만, 옴이 김나지움 (고등중학교) 교사라서 원래 학자에 속하지 않은데다 실험을 하급학교 장치로 한 것도 편견을 갖게 한 원인으로 작용했다. 옴의 업적은 이윽고 프랑스 과학아카데미를 통해 영국학자들에게 알려져, 1841년 왕립학회는 최고의 영예인 코플리 메달을 수여했다. 이를 계기로 독일학회에서도 드디어 옴의 법칙을 인정하게 되었다.

19 복사는 정전기 덕인가?

── 쿨롱의 법칙

> 전하를 띤 두 물체 사이에 일어나는 정전기력은 각 물체의 전기량 곱에 비례하고 물체 간 거리의 제곱에 반비례한다.

정전기가 일어나는 구조

인류는 오래 전에 정전기 현상을 발견했다. 기원전 무렵의 그리스인은 호박(보석)을 천으로 문지르면 미세한 먼지를 빨아들인다는 사실을 발견하고 기록으로 남겼다. 이것이 정전기 현상을 기록한 가장 오래된 문서다. 그로부터 한참이 지난 후인 17세기 말 인류는 유리구를 회전시켜 정전기를 발생시키는 장치를 발명했다. 18세기 중반에는 절연체의 회전 부분을 가진 기전기를 본격적으로 사용하기 시작했다. 기전기는 의도적으로 발명한 것이지만, 발생시킨 전기를 다량으로 축적하는 축전지는 전기를 병에 모으는 실험을 하는 도중 우연히 발견되었다.

1745년과 그 이듬해 독일과 네덜란드에서 각각 발명되었으니 때가 무르익지 않았을까? 이렇게 해서 정전기 연구가 활발해진 가운데 전자기학을 정밀과학으로 끌어올려 정전기가 일어나는 법칙을 밝혀낸 사람이 프랑스의 공학자이자 물리학자인 쿨롱이다.

쿨롱의 법칙은 만유인력의 법칙(118쪽 참조)과 완전히 똑같다. 하지만 왜 거리의 제곱에 반비례하는지는 아직 본질적으로 밝혀지지 않았다.

서로 다른 두 물질을 문지르면 전기가 발생하지만, 문지른다는 것 자체는 전기 발생에 직접적인 관계가 없다. 종류가 서로 다른 물질의 표면을 밀착시키는 데 의미가 있다.

그 결과 한쪽 물질 내의 전자가 다른 물질 쪽으로 이동한 경우, 양쪽을 떼어놓으면 다음 페이지 그림과 같이 전자를 받은 쪽이 음의 전기를 띤다.

복사의 원리

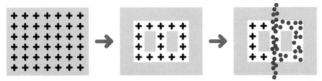

감광판 위의 광전도체를 플러스로 대전시킨다.

원고에 빛을 쬐 그 반사광을 감광판에 쏜다. 그러면 광전도체는 빛을 받은 곳만 전기를 놓아준다.

음의 전기를 띤 토너를 뿌린다.

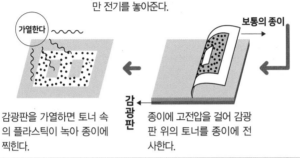

감광판을 가열하면 토너 속의 플라스틱이 녹아 종이에 찍힌다.

종이에 고전압을 걸어 감광판 위의 토너를 종이에 전사한다.

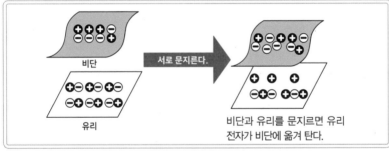

비단과 유리를 문지르면 유리 전자가 비단에 옮겨 탄다.

$$F=k\frac{q_1 q_2}{r^2}$$

F : 정전기력, $q_1 q_2$: 정전기 양, r : 전기량 사이의 거리, k : 비례 상수
쿨롱은 자기력에도 같은 식을 사용할 수 있다는 것을 알아냈다. 이때, F는 자기력, $q_1 q_2$는 자기량, r은 자기량 간의 거리다.

서로 다른 종류의 전기는 서로 끌어당기는데, 거리가 가까우면 공기를 통해 결합하여 하나가 된다. 이것을 방전(放電)이라 한다. 옷을 벗을 때 불꽃이 튀는 것은 이 때문이다.

20 전기를 열로 바꾸는 것이 전열기
── 줄의 법칙

> 전기가 통하는 도체에서 발생하는 단위 시간당 열량(칼로리)은 전류 세기(암페어)의 제곱에 비례하고 전기 저항(옴)에 비례한다.

자유롭게 움직이는 전자의 존재

전기곤로가 무엇인지 아는가? 토기 같은 절연체 안에 전기저항이 큰 니크롬선을 모기향처럼 소용돌이 모양으로 감아 넣은 것이 전기곤로다. 전기 스위치를 켜면 차츰 빨갛게 달아오르는데, 그 위에 석쇠를 놓고 떡을 구우면 탁탁 소리를 내면서 부풀어 오른다. 요즘은 전기곤로를 찾아보기 힘들지만 한때 유행한 적이 있었다.

전기담요나 전기난로 등은 이러한 전기곤로의 원리를 이용한 것이다. 휘발성 약품 등을 취급하는 병원이나 실험실에서는 이런 전열기를 많이 사용한다. 가스는 불꽃에 의한 발화 위험이 있기 때문이다. 그렇다면 왜 전기저항이 큰 것을 사용할까?

줄(Joule)의 법칙에 따라 열량이 저항에 비례하고, 저항이 클수록 열량도 커지기 때문이다. 그렇다면 왜 그럴까? 원래 금속도체에는 도체를 구성하는 금속원자에 속박되지 않고, 도체 안을 돌아다니는 자유전자라 불리는 전자가 많이 존재한다.

자유전자는 전압이 걸리면 양극 쪽으로 향하는 힘을 받아 가속된다. 그러면 금속을 구성하는 원자(정확하게는 금속 이온)와 충돌하여 미묘하게 진동하던 원자의 운동을 더 활발하게 한다. 이렇게 해서 전원이 주는 전기 에너지의 일부가 열에너지로 바뀐다(오른쪽 그림 참조).

사람들이 좁은 곳에서 북적대다 보면 더워지듯이 좁은 통로(저항이 있는 곳)를 빠져나가기 위해 한 일이 열로 변하는 것이다.

오븐 토스터가 열을 내는 메커니즘

히터 내부에서 전자가 흐를 때 원자에 부딪쳐 마찰열이 발생한다. 이것을 줄 열(Joule's Heat)이라고 한다.

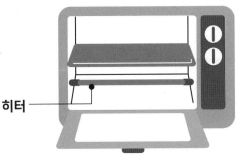

히터

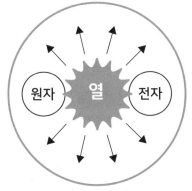

히터 내부

$$(칼로리) = 0.24 \times (암페어)^2 \times (옴)$$

좌절하지 않는 열정이 낳은 법칙

줄의 법칙을 발견한 제임스 프레스콧 줄(1818~1889)은 영국 양조업자의 차남으로 태어났다. 그는 16세 때부터 몇 년간 화학자 존 돌턴에게 배웠으나 그 후에는 독학하였다. 20세부터 전자엔진의 실용화에 뜻을 두고 집에서 실험연구를 시작했다. 그가 연구했던 전자엔진은 전지로 움직이는 소박한 형태의 모터였다. 증기기관에 미치지 못한다는 평가를 받긴 했으나 전류로 인해 열이 발생하는 점에 착안하여 그는 1840년 줄의 법칙을 발견하기에 이른다.

21 전기 문명을 지탱해주는 부드러운 토대

──── 전자기 유도 법칙(패러데이의 전자기 유도 법칙)

> 코일을 통과하는 역선이 시간적으로 변화하면 코일에 전류가 발생한다. 이 현상을 전자기 유도라고 한다. 전자기 유도에 의해 발생하는 전압은 역선이 시간적으로 변화하는 비율에 비례하고 코일을 감은 수에 비례한다.

전류의 변화로 인해 자기(磁氣) 현상이 일어난다?!

1820년 덴마크의 물리학자 한스 크리스티안 외르스테드(1777~1851)가 전류에 의한 자기(磁氣) 현상을 발견했다. 그는 1807년부터 전류의 자기 작용을 연구하기 시작했다. 어느 날 실험을 하던 중 도선에 전류를 흘려보내거나 끄면 도선 옆에 있는 자침이 흔들린다는 말을 조수로부터 들은 외르스테드의 머리에 섬광이 스쳐 지나갔다.

일정한 전류가 아니라 전류의 변화가 자기를 발생시킨다고 생각한 것이다. 이 사실을 조수가 먼저 발견(오른쪽 그림 ①)하긴 했지만 이것을 알아차린 것은 외르스테드이며, 발견자로 널리 인정받은 것도 외르스테드다. 외르스테드의 학회 강연을 들은 프랑스의 물리학자 앙드레 마리 앙페르(1775~1836)는 즉시 실험에 돌입, 단 1주일 만에 성과를 올렸다. 두 개의 철사를 평행이 되게 나란히 놓고 같은 방향으로 전류를 흘려보내면 서로 끌어당기고, 반대방향으로 전류를 흘려보내면 서로 반발한다는 사실을 발견한 것이다(오른쪽 그림 ②). 다시 말하면 전류가 자석처럼 움직이거나 전류가 자석을 만든다는 사실을 앙페르가 알아냈다.

이 역전의 발상이 전자기 유도의 법칙을 낳았다(오른쪽 그림 ③). 1831년의 일이다. 패러데이가 발견한 전자기 유도의 법칙은 오늘날의 발전기나 전기모터 스피커 등 거의 모든 전기기계의 기술적 원리가 되었다.

외르스테드의 실험　그림 ① 1820년

어?! 도선을 연결하면 자침이 흔들리네!

간단한 볼타 전지

앙페르의 실험　그림 ② 1820년

전류의 방향

도선

종이　사철

종이 위에 사철을 놓으면 역선을 그리고, 방위자석을 놓고 보면 역선의 방향을 알 수 있다.

오른나사의 법칙

전류의 방향

역선의 방향

패러데이의 실험　그림 ③ 1831년

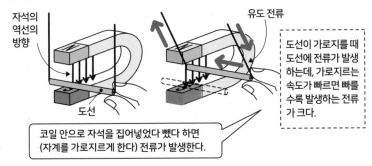

자석의 역선의 방향

유도 전류

도선

도선이 가로지를 때 도선에 전류가 발생하는데, 가로지르는 속도가 빠르면 빠를수록 발생하는 전류가 크다.

코일 안으로 자석을 집어넣었다 뺐다 하면 (자계를 가로지르게 한다) 전류가 발생한다.

막대자석이 만드는 역선

도선을 빙빙 감은 코일 안으로 자석을 집어넣었다 뺐다 하면 코일에 전류가 발생한다. 이 자석을 빠르게 움직일수록 강한 전류가 흐른다 코일에 도선을 많이 감을수록 역시 전류는 강해진다. 패러데이는 이 전자기 유도현상을 직관적으로 설명하기 위해 '역선'이라는 개념을 도입하고 법칙으로 정리했다.

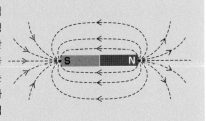

전기 문명을 지탱해주는 부드러운 토대 ── 전자기 유도 법칙(패러데이의 전자기 유도 법칙)

22 자연은 변화를 싫어한다
── 렌츠의 법칙

> 전자기 유도에 의해 발생하는 유도 전류는 그 전류가 생기는 원인이 된 변화를 방해하는 방향으로 흐른다.

전류의 자기장 실험!

앞에서 소개한 패러데이 전자기 유도 법칙(58쪽 참조)을 떠올리며 읽어나가기 바란다. 그와 마찬가지로 코일에 막대자석의 N극을 가까이 대면 코일을 가로지르는 역선에 변화가 생겨 코일에 유도전류가 흐른다(오른쪽 그림 1). 유도전류에 의해 자기장이 발생하지만, 그 자기장은 막대자석이 가진 자기장에 반발하여 막대자석의 운동을 방해하는 방향이 생긴다는 것이 렌츠의 법칙이다. 어떻게 운동을 방해하는 것일까? 실험을 자세히 살펴보자.

막대자석의 N극을 코일에 가까이 대면 가까이 오지 못하도록 코일에 N극의 자기장이 생긴다. 그 때문에 플레밍의 오른손 법칙(62쪽 참조)에 따라 전류는 그림과 같이 흐른다(오른쪽 그림 2). 반대로 막대자석을 코일로부터 멀리해보자. 그러면 그 운동을 방해하려는 듯이(막대자석을 끌어당기듯이) 코일에 S극의 자기장이 생긴다.

그 자기장을 발생하는 유도 전류의 방향은 앞의 경우와는 반대가 된다(오른쪽 그림 3).

렌츠의 법칙에 따르면, 막대자석의 운동은 저항을 받는다. 저항을 거스르며 막대자석을 움직인다면 그것은 밖에서 일을 한 셈이 된다. 그 일의 양은 줄의 법칙에 따라 열로 환산할 수 있다.

렌츠의 법칙은 자연계가 변화를 싫어하는 현상이라고 생각할 수도 있다. 만약 동종의 전기가 끌어당기려고 하면 '우주는 안정이 결여된, 전기적 활성

전자기 유도의 기초 실험

1

자석이 멈춰 있을 때는 아무 일도 일어나지 않는다. 하지만 갑자기 코일 안에 꽂으면

자석이 만드는 역선

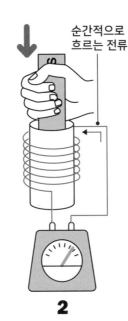

2

코일 내에 증가한 역선을 없애는 방향의 역선이 만들어지도록 전류가 흐른다.

순간적으로 흐르는 전류

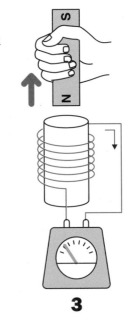

3

따라서 갑자기 끌어당기면 반대 방향의 전류가 흐른다.

으로 서로 반발하는 두 물질집단으로 분산되어 버린다'(혼마 사부로)라고 하는 엄청난 사태가 되기 때문이다.

질서를 사랑한 렌츠

하인리히 프리드리히 에밀 렌츠(1804년~1865년)는 독일계 러시아 물리학자다. 1834년 전자기유도가 일어나는 방향에 대한 일반적인 법칙을 발견하고, 이를 '렌츠의 법칙'이라 했다. 질서를 사랑해 마지않는 독일인이 변화를 싫어하는 러시아 제국에 있었기 때문에 대발견을 할 수 있었을지도 모른다.

23 오른손으로 전기를 일으키고 왼손으로 소비한다
―― 플레밍의 오른손 법칙과 왼손 법칙

> 기전력의 방향은 오른손으로, 전자력의 방향은 왼손으로 가리킬 수 있다.

세 손가락을 사용하는 플레밍의 법칙

먼저 오른쪽 그림 ①을 보기 바란다. 자극(磁極) 사이에 코일을 넣은 구조를 만든다. 그림에서는 편의상 코일을 한 번 감은 것만 나타냈다. 코일은 파선으로 나타낸 축을 중심으로 회전할 수 있도록 해 둔다.

코일은 수력발전이라면 수력으로, 화력발전이라면 화력으로 회전시킨다. 원자력 발전도 결국은 원자력으로 물을 끓이고, 그 증기로 터빈을 돌리는 화력발전이다. 그러면 자기장이 변화하기 때문에 전자기 유도의 법칙에 따라 유도 전류가 흐르기 시작한다.

이때 자기장의 방향(B)을 검지, 외부에서 주어지는 힘(I)의 방향을 중지에 맞추면 유도 전력의 방향은 엄지손가락으로 나타낼 수 있다. 잊지 말아야 할 것은 오른손을 사용하고 세 손가락은 서로 직각으로 펴야 한다는 것이다.

중지, 검지, 엄지 순으로 전(류), 자기(장), 힘이라고 외워두면 편리하다. 엄지(손가락)는 힘이라고 하면 젊은 사람들은 싫어할지 모르지만 아무튼 이렇게 외우는 방법은 영국의 물리학자 플레밍이 생각해냈기 때문에 플레밍의 오른손 법칙이라고 한다.

오른손 법칙이 있다면 왼손 법칙도 있기 마련인지 사실 존재한다. 전동기, 즉 모터의 원리와 관련된 법칙이다(오른쪽 그림 ②).

하지만 왜 기전력의 방향이 왼손일까? 전자기력의 방향을 오른손으로 나타낼 수는 없을까? 현대 과학으로도 이에 대한 답을 찾기는 어렵다.

그림 ① 직류 발전기는 오른손

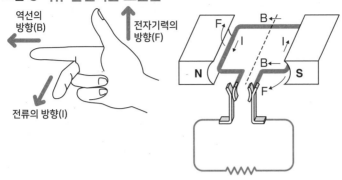

역선의
방향(B)

전자기력의
방향(F)

전류의 방향(I)

F

B

I

I

B

F

N

S

그림 ② 직류 모터는 왼손

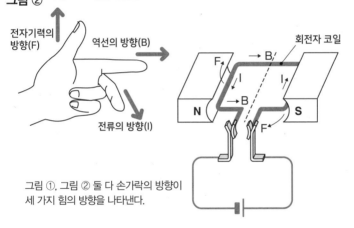

전자기력의
방향(F)

역선의 방향(B)

회전자 코일

전류의 방향(I)

F

B

I

I

B

F

N

S

그림 ①, 그림 ② 둘 다 손가락의 방향이
세 가지 힘의 방향을 나타낸다.

"자연계가 반드시 좌우 대칭을 이루는 건 아니다. 기전력의 방향은 두드러진 한 예에 지나지 않는다"며 대답을 회피하는 학자도 있다.

존 앰브로즈 플레밍(1849~1945)

플레밍의 법칙을 발견한 영국의 전기공학자. 실제적 기술에 관심이 많아 1881년부터 10년간 런던의 에디슨 전등회사에서 일했다. 이후 마르코니 무선전신회사로 옮겨 25년간 기술고문으로 일하며, 이극진공관을 발명했다. 이와 비슷한 시기에 미국인 발명가 드 포레스트가 이극진공관을 이극관으로 발전시켰다. 이 때문에 두 사람이 근무했던 회사가 10년에 걸쳐 특허 전쟁을 벌였다.

24 고대 이집트인의 대발견
—— 반사의 세 가지 법칙

① 입사광과 반사광을 포함한 면은 반사 평면에 수직이다.
② 입사광과 반사광은 반사점에 대해 서로 반대편에 있다.
③ 입사각과 반사각은 서로 같다.

튀어 오르는 공으로 빛의 반사를 이해한다

그리스의 기계학자이자 물리학자이며 수학자인 헤론(62~150경)의 저서 『반사광학』에는 광선이 반사하는 모습

을 파악하는 법칙이 수록되어 있다.

헤론은 희사함에 돈을 넣으면 함 밑에서 손을 씻는 물이 졸졸 흘러나오는 오늘날의 자동판매기와 비슷한 장치를 만든 것으로 유명하다. 또한 수학에 뛰어나 어떤 삼각형이라도 세 변의 길이로 면적을 계산할 수 있는 '헤론의 공식'을 발견했다.

오른쪽 그림 ①을 보면 공이 바닥에 튀어 되돌아오는 반동과 비슷하다. 빛을 입자로 보면 이해하기 쉬운 법칙이다. 소리도 입자로 보면 음자(音子)가 튀어 되돌아오기 때문에 빛뿐만 아니라 음파에도 반사의 법칙이 성립한다.

입사각과 반사각

오늘날의 반사의 법칙과 비교해 보자(그림 ②).

제1 매질 속을 진행하는 파동이 다른 제2 매질과의 경계면에 도달하면 반사가 일어난다. 경계면상의 한 점에서 입사선과 반사선은 그 점에 세운 법선과 동일 평면상에 있고, 입사각과 반사각은 항상 같다.

빛은 입자인가? 파동인가?

이집트인이 발견한 반사의 법칙이 훨씬 이해하기 쉬울 듯하다.

차이는 단지 빛에 한정하지 않고, 일반적인 파동으로 확장하여 빛, 소리, 수면, 지진파 등 모든 파동의 현상에 적용된다.

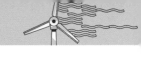

이집트인의 반사의 법칙

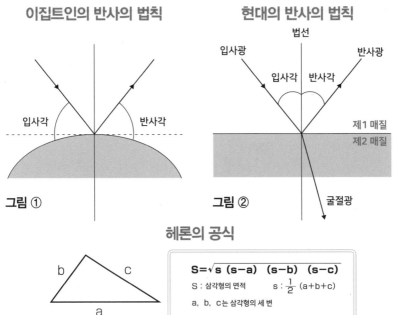

입사각　반사각

그림 ①

현대의 반사의 법칙

법선

입사광　반사광

입사각　반사각

제1 매질
제2 매질

굴절광

그림 ②

헤론의 공식

b　c

a

$$S=\sqrt{s\ (s-a)\ (s-b)\ (s-c)}$$

S : 삼각형의 면적　　$s : \frac{1}{2}$ (a+b+c)

a, b, c는 삼각형의 세 변

앞에서는 입자라고 하고 여기서는 파동이라고 한 점을 이상하게 생각하는 당신은 예리하다. 빛의 실체가 무엇인가 하는 문제는 과학자들이 오랜 기간 논쟁을 벌여온 문제였다. 거기에는 '호이겐스의 원리'가 관련되어 있다.

이것은 파동이 전해질 때 파동의 면 각 점에서 그것을 중심으로 새로운 파동을 만들고, 이것이 또한 계속해서 새로운 파동을 만든다는 것이다.

빛뿐만 아니라 소리와 물결, 그 외 온갖 파동의 전파에 적용할 수 있고 반사의 법칙과 굴절의 법칙이 왜 성립하는지도 알 수 있다.

크리스찬 호이겐스(1629~1695)

호이겐스는 네덜란드의 명문가에서 태어나 어릴 적부터 영재 교육을 받아 네덜란드의 아르키메데스로 불렸다. 그는 1690년에 출판한 『빛에 관한 논문』에서 호이겐스의 원리를 구축하고 빛의 반사와 굴절의 법칙을 이끌어냈다. 또한 광선이 서로 방해하지 않고 가로지르는 것을 보면 미립자 이론은 분명 잘못된 것이며 오히려 소리와 비교해야 한다고 주장하기도 했다.

65

고대 이집트인의 대발견 —— 반사의 세 가지 법칙

25 광섬유가 뭐지?
—— 굴절의 법칙

제1 매질 속을 진행하는 파동이 다른 제2 매질과의 경계면에 도달하면 일부는 반사되고 일부는 매질 속에 진입해 그 방향이 휘어져 보인다.

빛의 전반사 현상을 이용한다

그릇에 물을 넣으면 그릇에 들어 있는 물체가 떠 있는 것처럼 보인다. 곧은 막대를 넣으면 휘어져 보인다. 이것을 보고 사람들은 오래 전부터 빛이 굴절하는 것은 알았으나 수량적인 관계는 명확하게 밝혀내지 못했다.

기원전 2세기, 고대 알렉산드리아에서 시작, 아라비아의 물리학자 알 하이삼(965~1039)을 거쳐 1612년 네덜란드 라이덴 대학의 실험물리학자이자 수학자인 스넬(1591~1626)이 굴절의 법칙을 밝혀냈다. 그리고 프랑스의 철학자이자 수학자인 르네 데카르트(1591~1650)가 빛을 입자의 흐름으로 생각하여 이 법칙이 성립하는 이유를 명료하게 증명했다. 그래서 스넬–데카르트의 법칙(데카르트의 법칙)이라고도 한다.

현대의 광통신이나 위내시경에 사용하는 광섬유를 들여다보자.

빛은 굴절률이 높은 매질에서 낮은 매질로 들어가면 반드시 굴절 후에 법선에서 멀어진다. 즉 굴절각이 입사각보다 커지는 것이다(그림 ①). 그래서 입사각을 점점 확대하고 일정 이상의 각도(이것을 임계각이라고 한다)로 입사하면 굴절률이 낮은 매질 속으로 들어가는 빛은 완전히 없어지고 모든 빛이 높은 매질에 반사되어 버린다. 이것을 빛의 전반사 현상이라고 한다.

광섬유는 직경 0.1㎜ 정도로 중심부가 유리섬유로 되어 있어 중심 쪽의 굴절률이 크다. 그래서 이 속에 입사한 빛은 외벽 부분에서 전반사되고, 그 결과 모든 빛이 섬유 방향으로 나아간다(그림 ②).

빛의 굴절

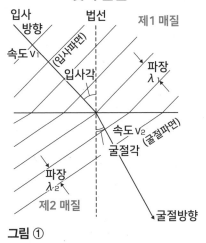

그림 ①

광섬유 내부

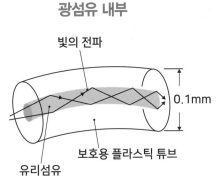

빛의 전파

0.1mm

유리섬유

보호용 플라스틱 튜브

그림 ②

굴절의 법칙의 공식

입사선과 굴절선은 동일한 평면 내에 있으며, 입사각의 사인(sin)과 굴절각 r의 사인(sin)의 비는 일정하다.

$$n \,(일정) = \frac{\sin v}{\sin r} = \frac{v_1}{v_2} = \frac{\lambda_1}{\lambda_2}$$

n : 제1 매질(입사 쪽의 매질)에 대한 제2 매질(굴절 쪽의 매질)의 굴절률

i : 입사도 r : 굴절각

v_1 : 제1 매질 속의 속도 v_2 : 제2 매질 속의 속도

λ_1 : 제1 매질 속의 파장 λ_2 : 제2 매질 속의 파장

빛의 전반사 현상

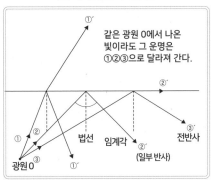

같은 광원 O에서 나온 빛이라도 그 운명은 ①②③으로 달라져 간다.

무지개가 7가지 색인 이유

데카르트의 증명에 감탄한 뉴턴은 프리즘을 이용하여 햇빛을 7가지 색으로 분해하고, 7가지 빛깔은 서로 다른 입자로 되어 있다고 주장했다. 붉은 빛의 입자가 가장 무겁고 보랏빛 입자가 가장 가볍기 때문에 보랏빛 쪽이 휘어짐이 크다는 것이 그의 생각이다. 보통 서양에서는 무지개를 6가지 색상으로 본다. 서양인은 온도 관계 때문인지 우리가 느끼는 남색이 눈에 들어오지 않는데도 뉴턴은 무지개를 7가지 색상이라고 주장했다. 뉴턴이 무지개를 7가지 색이라고 한 것은 기독교적 관점에서의 완전한 숫자(7일의 창조)와 가깝기 때문이었다.

26 오감에서 태어난 물리 법칙
—— 베버-페히너의 법칙

> 청각, 시각, 맛, 후각, 촉각 등 사람이 느끼는 자극의 강도는 자극의 로그(對數)에 비례한다.

'감각의 양'에도 법칙이 있다!

독일의 해부학자이며 생리학자이기도 한 에른스트 하인리히 베버(1795~1878)는 1846년, 자극의 강도와 식별범위의 관계를 나타내는 베버의 법칙을 발표했다. 예컨대 30g 되는 무게와 31g 되는 무게를 손으로 들어보고 간신히 구별하는 경우에, 60g과 61g의 차이는 같은 1g 차인데도 구별하기가 어렵고, 60g과 62g의 차이는 간신히 구별할 수 있다. 이처럼 감각으로 구별할 수 있는 한계는 물리적 양의 차가 아니라 그 비율로 결정된다. 이 같은 사실은 많은 피험자를 동원해 실험해본 결과 드러났다.

베버의 법칙에 근거하여 베버의 제자이며 독일의 물리학자이자 철학자인 구스타프 페히너(1801~1887)가 '감각의 양은 그 감각이 일어나게 한 자극의 물리적인 양의 로그(대수)에 비례한다'라고 하는 페히너의 법칙을 이끌어냈다. 이로써 페히너는 정신물리학과 실험심리학의 시조가 되었고, 심리학적 실험미학의 시조로도 유명하다.

소리 에너지가 100배, 1000배, 1만배, ……로 등비수열적으로 증가해도 귀가 느끼는 소리의 크기는 처음의 2배, 3배, 4배, …… 등 등차수열로만 증가한다는 것이 페히너의 법칙이다.

이것은 청각뿐 아니라 시각, 미각, 후각, 촉각 등에도 적용된다. 베버-페히너의 법칙이라고 할 경우 이상의 두 가지 법칙을 통틀어 가리킬 때도 있고 페히너의 법칙만을 가리킬 때도 있다. 이 책은 후자를 채용했다.

소음 수준

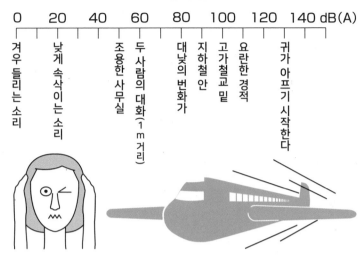

$$S=k \ \log \frac{I}{Io}$$

S : 감각   I : 자극
Io : 자극의 역치(느낄까 말까 한 경계선)

소리의 크기 '폰'

인간의 귀는 소리의 에너지뿐만 아니라 소리의 진동수에 따라서도 소리의 세기에 대한 감도가 달라진다. 그렇기 때문에 소리의 크기를 측정하는 폰(phon —— 그렇다! telephone이라는 철자에 phon이 들어 있다)은 이러한 귀의 특성을 충실하게 표현할 수 있도록 정해져 있다.

소음 수준도 폰으로 나타낼 수 있다. 이것은 마이크로폰으로 받은 진동을 귀의 특성에 가까운 주파수를 가진 회로에서 분석한 결과 얻어진 값을 나타낸다.

27 건널목에서 듣는 우주의 팽창

—— 도플러 효과

> 파동의 진동수는 파원에 가까워지면 증가하고 멀어지면 감소한다.

도플러 효과는 소리만이 아니다

건널목에서 차단기가 내려왔을 때 열차가 가까이 오는 경우와 멀어져가는 경우의 소리 높낮이를 듣고 구분해보라. 스쳐 지나가는 전철 경적 소리의 높낮이를 듣고 구분해보는 것도 좋다.

가까이 다가왔을 때는 높고 멀어져갈 때는 낮게 들린다. 구급차가 울리는 사이렌 소리로도 좋다. 가까이 다가왔을 때는 '삐뽀삐뽀' 하는 소리가 날카로운 소리로 들려 큰일났다고 말하는 듯 하고 멀어져갈 때는 반대로 '뻬이뽀뻬이뽀' 하며 어쩐지 느긋하고 낮게 들린다.

이것을 쉽게 설명하기 전에 말해두고 싶은 것이 있다. 파동이 1초 동안 진동한 횟수를 진동수라고 하고, 파동과 파동 사이의 간격을 파장이라고 한다.

예를 들어 구급차가 사이렌을 울리면서 일정한 속도로 달릴 때 음원에서는 음파가 균등하게 퍼져도 파장은 다음 페이지 그림과 같이 진행 방향으로는 짧아지고 반대 방향으로는 길어진다.

파장이 짧다는 것은 그만큼 일정 시간 내에 귀에 들어오는 파동의 진동수가 증가한다는 것으로 사이렌 소리가 아주 높게 들린다. 구급차가 멀어져 가면 반대로 길어져 낮게 들린다.

그런데 도플러 효과는 오스트리아의 물리학자 요한 크리스티안 도플러(1803~1853)가 이중성(二重星)으로부터 오는 빛을 연구할 때 발견하여 1842년에 발표했다. 곧이어 다른 과학자가 소리에 대해서도 성립한다는 것을 실험으로 확인했다.

도플러 효과

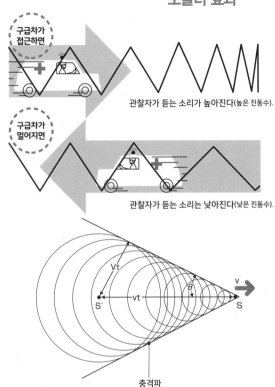

구급차가
접근하면

관찰자가 듣는 소리가 높아진다(높은 진동수).

구급차가
멀어지면

관찰자가 듣는 소리는 낮아진다(낮은 진동수).

충격파

충격파의 파동은
원추형

음원의 속도(v)나 듣는 사람이 운동하는 속도(u)가 음속을 넘어 초음파가 되었을 때, 파면은 그림과 같은 원뿔이 된다. 음원이 일으키는 음파 파면의 원이 작아져 가고, 그 공통 접선이 호이겐스의 원리에 따라 파면이 되어 원뿔의 모선이 된다. 이것이 충격파다.

도플러 효과로 우주의 팽창을 알게 되다!

빛의 도플러 효과를 이용한 결과 놀랄만한 천문학적 발견이 있었다. 별이 가까워지고 있는지 멀어지고 있는지를 알게 된 것이다. 은하계 밖의 별에서 빛을 조사했더니 지구 상과 같은 원소의 선스펙트럼이 붉은 빛을 띠었다. 그것은 소리로 말하면 낮게 들리는 것에 해당하며, 별이 멀어지고 있음을 알 수 있다. 우주 전체로 팽창해가고 있다는 것을 20세기가 되어서야 발견한 것이다.

　　도플러 자신도 선로 옆에 서서 화물차에 나팔을 든 사람이 타고 도플러 앞을 지나가는 동안 계속 같은 높이의 소리를 내는 실험을 함으로써 이를 확인했다.

28 원자의 종류가 다양한 이유
—— 파울리의 배타원리

> 2개 이상의 전자는 동일한 상태를 취할 수 없다.

왜 물건에 크기가 있는가?

같은 크기의 물건에 실로 다양한 종류가 있는 것은 왜일까? 갑자기 무슨 말을 하려는 거냐고 생각하겠지만 그 이유를 알게 된 것은 20세기가 되고 나서다. 하지만 그 의문을 풀려고 하다 알게 된 것이 아니라, 뜻하지 않은 곳에서 알게 되었다.

전자는 전자핵의 주위를 돈다. 그렇다면 지구가 태양 주위를 공전하듯이 회전에 동반하는 각운동량 보존의 법칙(※)이 적용되어야 할 것이다. 그런데 좀 이상하다는 사실을 발견하고서도 도저히 그 원인을 찾을 수가 없었다. 1925년 봄, 미국의 크뢰니히는 전자 자체가 자전하기 때문이 아닐까 생각했다.

태양 주위를 공전하는 지구가 자전하는 것처럼 전자도 자전한다고 생각한 것은 자연스럽다. 크뢰니히는 유럽에 건너가 의견을 구했으나 당대 최고의 물리학자 파울리는 관심을 갖지 않았다. 이론과 실험 결과에 2배나 되는 불일치가 있었기 때문이다. 크뢰니히는 자신감을 잃어 논문을 발표하지 않았다. 그해 가을, 다른 과학자들이 같은 생각을 논문으로 발표하고 2배나 되는 불일치도 이듬해 해결해 버렸다.

보어가 그 전자 자체의 각운동량에 '회전'을 의미하는 '스핀(spin)'이라는 명칭을 붙였다. '스핀'이라는 개념을 얻은 과학자들은 곧바로 놀라운 사실을 알게 되었다.

마이크로 세계의 소립자는 모두 정확히 두 그룹으로 나눌 수 있다. 즉, 스

전자스핀

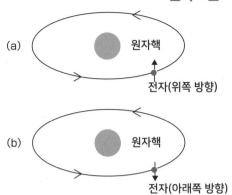

(a) 원자핵
전자(위쪽 방향)

(b) 원자핵
전자(아래쪽 방향)

전자에는 '크기'나 '자전' 같은 우리
가 쉽게 알아볼 수 있는 성질이 없
다. 위쪽 방향, 아래쪽 방향이라는
두 성분의 추상적인 구조를 갖게
하면 된다.

(※)각운동량 보존의 법칙

질점에 작용하는 모든 힘의 작용선이 항상 한 지점에서 교차할 때는, 질점의 각운동량
이 항상 일정하다는 보존 법칙이다.

스핀은 0, 1, 2, ……라는 정수 그룹과 2분의 1, 2분의 3, …… 등 반정수 그룹
으로 분류되는데, 매우 다른 성질을 나타낸다.

정수 스핀을 가진 소립자 중에서 대표적인 것이 스핀 1을 가진 광자다.

다수의 광자가 완전히 똑같은 상태로 존재하는 일이 있다. 인도의 물리학
자 사티엔드라 보스가 이 규칙을 가정했기 때문에 정수 스핀을 가진 입자를
'보스입자' 또는 '보존'이라고 한다. 레이저 빛처럼 단색의 위상까지 갖춘 빛
의 광선을 실현할 수 있는 것도 광자가 보존이기 때문에 가능하다.

반면 반정수 스핀을 가진 입자를 '페르미온(fermion)'이라고 하는데, 파울
리의 배타원리에 따른다. 전형적인 예가 전자로서 그 원리에 따르기 때문에
가장 원자핵에 가까운 궤도에 모두 떨어지지 않고 제각기 따로따로 궤도에
오른다. 원자에는 크기가 있어 다양한 종류의 원자가 있을 수 있는 것이다.

29 아인슈타인과 TV의 깊은 인연
── 광전효과

> 물체가 빛을 받으면 표면에서 전자가 튀어 나오거나 물체 내부에서 전자가 이동한다. 이것을 광전효과라고 하는데, 광전효과를 낳는 빛의 진동수에는 한계가 있다. 그 한계 진동수보다 적은 빛으로는 아무리 비쳐도 광전효과가 일어나지 않는다.

광전효과는 빛이 입자임을 증명한다

금속에 보랏빛이나 자외선 등 어떤 파장의 빛을 비추면 표면에서 전자가 튀어나온다. 이런 현상을 '광전효과'라고 하는데, 1887년에 발견되어 연구하기 시작했다. 하지만 광전효과는 빛이 입자라는 증거라고 처음 주장한 사람은 아인슈타인이다. 만약 빛이 파동이라면 아무리 낮은 진동수라도(예를 들면 붉은 빛) 에너지가 크면 전자가 튀어나와야 한다. 그런데 그렇지 않다.

진동수가 큰 빛(예를 들면 붉은 빛)에 쪼인 금속에서는 반드시 전자가 튀어나온다. 빛이 에너지 hv의 덩어리라면 입자처럼 전자와 부딪쳐 전자를 쫓아버리기 때문에 사태는 분명하게 파악된다. 이것이 아인슈타인의 광양자 가설이다.

광전효과는 빛을 전류로 바꾸는 광전관으로서 널리 이용되며, TV 촬영에 사용되는 촬상관도 빛을 받아 튀어나오는 전자를 전류로 해서 기록한다.

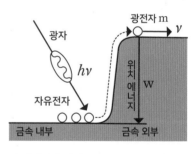

빛 에너지가 위치 에너지(포텐셜 에너지)보다 크면, 위 그림과 같이 광자가 충돌해 자유전자는 금속 내부에서 광전자가 되어 금속 외부로 튀어나온다.

> $hv > w$의 경우, 광전효과를 낳는다.
> $hv = w$에 대응한다. v가 한계 진동수
> h : 플랑크 상수 v : 빛의 진동수
> w : 위치 에너지

제 3 장

세상을 바꾼
전근대의 대이론

30 황제를 위해 발명된 종이
—— 중국 과학

중국의 과학이 인류 사회에 보낸 최고 최대의 물건은 '종이'일 것이다. 종이는 황제를 위시해 사회의 지평을 확대함으로써 인구도 증가시켰다.

문명의 발달을 촉진한 종이

중국의 과학이 인류 사회에 선사한 가장 큰 선물은 '종이'일 것이다.

예로부터 중국에서는 대마나 풀솜을 옷을 만드는 주요 원료로 사용했다. 오래된 마와 풀솜은 물을 적신 나무상자 속에 넣고 방망이로 두드린 후 물기를 빼 옷으로 재생하기도 했다. 그 작업 과정에서 보풀이 나무상자 바닥에 얇게 쌓여 침전하는 일이 있었다. 말리면 펄럭펄럭해졌는데 이것이 종이의 시작이다. 전한 때는 대마로 만든 종이가 품질이 나빠서 글자를 쓸 수가 없었다. 그래서 이 종이는 물건을 포장하는 데 사용되었다.

역사상 처음 종이를 발명한 것으로 유명한 채륜(?~121년경)은 그 원시적인 종이를 개량해서 글자를 쓸 수 있도록 한 것뿐이다.

하지만 그 개선이야말로 실은 위대한 도약이라고도 할 수 있다. 어쨌든 글자를 쓸 수 있는 종이가 있어야만 문장 전달을 기본으로 하는 관료제가 발전할 수 있고, 과거시험도 종이가 있어야만 가능하다. 센터시험(일본 각 대학의 입학시험에 앞서 전국적으로 일제히 실시하는 공통시험. 한국의 '수능'에 해당한다.)을 생각해내 사람들을 못살게 한 사람은 누굴까?

종이 만드는 기술이 일본에 들어온 후 종이가 한 역할은 미닫이, 장지, 지우산에서 우유팩, 종이접기, 연 등등 서민 생활에 없어서는 안 되는 것에서부터 서예까지 헤아릴 수 없을 정도로 많다.

한나라 때 기본 틀이 형성된 중국인의 과학사상은 자연 현상과 사회 현상을 통일적으로 보려고 하는 사고 구조에서 출발했다. 자연과 사회 현상을 떠

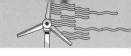

파피루스(이집트)와 종이(중국)의 제조법

파피루스는 '페이퍼(종이)'의 어원이
긴 하지만, 실제 종이가 아니다. '종
이'는 섬유를 일단 질퍽하게 한 것을
떠서 만든다.

[파피루스]
① 물에 담근 파피루스 줄기를 얇게
　쪼갠다.
② 쪼갠 파피루스를 늘어놓는다.
③ 두드려 밀착시킨다.
④ 표면을 닦아 완성한다.

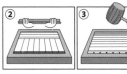

[종이]
① 대나무를 잘라 물에 담근다.
② 대나무를 쪼갠다.
③ 두드려 뭉갠다.
④ 석회를 넣는다.
⑤ 종이를 뜬다.

77

올린 결과 결실을 맺은 것이 바로 종이다. 채륜은 책을 좋아하는 황제를 생
각하다 종이를 발명했다.

　종이에 '쓰는 문화'가 있었던 관료제는 황제를 위시해 사회의 지평을 확대
하고 나름대로의 안정을 가져와 인구를 증가시켰다. 그러나 이 인구 문제가
새로운 문제를 일으켜 중국의 과학 기술이 해결해나간다.

　그렇게 해서 당나라 때 중국 문명의 개성이 꽃피웠고 송나라 때 중국의 3
대 발명이라 불리는 '나침판', '화약', '인쇄술'이 만들어졌다.

서양에 전해진 중국 과학

송나라 때, 중국 상인들과 무슬림 상인들은 유라시아 남단에서 대규모 교역을 했다. 중
국 상인은 금전, 은전, 비단, 도자기를 팔고, 향료, 상아, 진주, 산호, 별갑 등을 샀다. 과
학 기술도 교환했다. 당시 중국의 과학이 지구 문명의 중심에 서 있을 정도로 발전했는
지도 모른다. 또 그 편이 인류도 훨씬 행복했을지도 모른다. 하지만 중국이 이룬 과학적
성과를 흡수한 서구가 급격히 올라섰고 이른바 근대화를 세계 곳곳에 밀어붙여 인류의
멸망을 예감케 하기에 이르렀다.

31 획기적인 제로 기호의 발명
—— 인도 과학

> 제로 기호가 있는 인도식 수의 계산 시스템이 천문학을 발달시켰다.

인류에 크게 공헌한 숫자 0

인도의 고전 시대와 굽타 제국 시대 (서기 320~570년경)에 책이 보급되었다. 하지만 책이라고 해봐야 종이는 중국에서 이슬람을 통해 전해지기 이전이라 잉크를 사용해 산스크리트어로 자작나무껍질(북부지역)이나 야자수 잎(남부지역)에 기록했다. 책의 보급과 함께 과학이 눈부시게 발달하기 시작하면서 천문학과 수학, 의학, 그리고 소재, 특히 금속이 발전했다.

476년생인 아리아바타는 그리스의 천문학을 배워 직접 관측함으로써 천문학을 더욱 발전시켰다. 동시대의 천문학자 바스카라는 지구가 다른 물체를 그 무게에 따라 끌어당긴다는 인력의 법칙을 발견했다. 이러한 보통 사람의 체험을 벗어난 천문학의 발달은 '0'이라고 하는 기호를 포함한 인도식 수의 계산 시스템이 있었기 때문에 가능했을 것이다. '자릿수를 정하기 위한 기호'로서의 숫자 0은 인도 문명뿐만 아니라 마야 문명과 메소포타미아 문명에도 있었으나, 가감승제의 연산 대상으로서의 숫자 0의 발명은 인도인의 공적이다. 이 천재적인 사고가 언제부터 있었는지는 알려져 있지 않다. 하지만 숫자 0을 기록에 남긴 최초 수학자의 이름은 알려져 있다. 그 사람이 바로 598년에 현재 파키스탄의 신드에서 태어난 브라마굽타라는 인물이다.

숫자 0의 탄생

대체 왜 숫자로서의 0이 인도에서 탄생했을까?

인도에는 먼저 1의 단위, 10의 단위 같은 단위에 1~9의 숫자가 없다는 것을 나타내는 '자릿수 기호'로서의 0이 '·(점)'으로 표현되었다. 또한 인도에서는 주로 숫자를 써서 계산했기 때문에 0을 숫자로 간주할 필요가 있었

고대의 제로 기호와 숫자

현대의 숫자 (아라비아 숫자)	이집트 숫자	그리스 숫자	로마 숫자	메소포타미아의 숫자 (60진법)	마야의 숫자 (20진법)
0		ㆆ		﹤(﹤﹤)	
1	I	α	I	ㅜ	•
2	II	β	II	ㅜㅜ	••
3	III	γ	III	ㅜㅜㅜ	•••
4	IIII	δ	IV	ㅜㅜ	••••
5	IIIII	ε	V	ㅜㅜ	—
6	IIIIII	ϛ	VI	ㅜㅜㅜ	◦
7	IIIIIII	ζ	VII	ㅜㅜㅜ	••
8	IIIIIIII	η	VIII	ㅜㅜㅜ	•••
9	IIIIIIIII	θ	IX	ㅜㅜㅜ	••••
10	∩	ι	X	﹤	═
20	∩∩	κ	XX	﹤﹤	◉
100	⊖	ρ	C	ㅜ﹤﹤	◉

숫자를 써서 계산할 경우

인도의 기수법(단위 기수법)

```
      2 7 5 9
   ×    1 0 8
   2 2 0 7 2
   0 0 0 0
 2 7 5 9
 2 9 7 9 7 2
```

0에서 9까지의 숫자를 늘어놓는 것만으로
계산할 수 있다.

로마 숫자를 써서 계산해 보면

```
 (Ⅰ)(Ⅰ)D C C L IX
 ×          C Ⅷ
              ?
```

써보아도 계산할 수 없다.
(Ⅰ)=1000
D=500
C=100
L=50

다. 예를 들어 '25 + 10'을 써서 계산하려면 아무래도 1의 자리에서 '5 + 0'을 계산해야 했다. 인도를 제외한 대부분의 고대 문명에서는 계산할 때, 일종의 주판이라고 할 수 있는 산판(算板)이나 산목(算木, 나무토막을 가로세로로 벌여 놓고 셈을 했다.)을 사용했다. 수학은 그 계산 결과를 기록하기 위해서 사용되었을 뿐, 제로 기호를 사용해 계산하는 일이 없었으므로 제로가 어엿한 '숫자'로는 진화하지 못했다.

반면 인도에서는 판자나 가죽에 분필로 쓰거나, 모래 혹은 가루를 뿌리고 막대기나 손가락으로 써서 계산했다. 숫자를 써서 계산하려면 숫자로서의 0이 반드시 필요하다.

인도의 과학은 의약 및 수술 등 이전부터 발달했던 것뿐 아니라 금속에 관한 기술도 고도로 발달시켰지만, 인류에 공헌한 최대 최고의 발명은 제로를 발견한 일일 것이다.

제로의 발명은 '무(無)'의 사상과 연관이 있는지도 모른다.

32 화학의 기반을 구축한 연금술
—— 이슬람 과학

> 이슬람의 화학, 즉 연금술은 풍부
> 한 성과를 가져왔다.

알코올의 발견

소주를 마시면서 '아, 이것도 이슬람 과학의 덕이다'라고 생각하는 사람은 아마 이 세상에 한 명도 없을 것이다. 하지만 이제부터는 당신이 그렇게 될지도 모른다?! 소주는 쌀이나 보리, 고구마 등 전분을 발효시켜 증류한 것이다. 증류는 이슬람 세계에서 가장 중요하게 여기는 화학 기술이다. 다양한 형태의 '증류기(아란비크)'가 이슬람 세계에서 일본에 들어오게 되었고, 에도 시대부터는 증류기를 '란비키'라고 부르게 되었다.

이슬람 화학의 증류 기술에 의해 발견된 것이 알코올이다. '알코올'도 아라비아어가 기원이다. 알코올은 용도가 다양해서 군사용으로 사용되었는가 하면, 휴대용 가스라이터에 사용하기도 했다. 한편, 꽃을 증류하여 장미 물을 만드는 등 향수와 향유를 제조하는 산업이 본격적으로 시작되었다.

오늘날 이슬람 국가에서 가장 중요한 자원은 석유인데, 과거 중세 이슬람 세계에서는 이미 원유(나프토)를 대량으로 생산했다. 하지만 이 사실은 거의 알려져 있지 않다. 원유에서 증류된 화이트 나프토는 무기 외에도 연료 및 의류에도 사용되었다.

십자군은 비잔틴제국 군대에서 사용하던 해전용 화약을 '그리스의 불'이라며 무서워했는데 이것은 사실 이슬람 화학의 정수(精髓)가 전해진 것이다.

이슬람에서는 화학을 연금술과 동일시했기 때문에 아랍어의 연금술(Al-Kimiya)에는 두 가지 의미가 있다. 화학 작업에서는 증류 외에 용해, 증발, 결정화, 승화, 여과, 아말감화(수은과 혼합), 밀랍화 등이 포함되었으며, 잉크, 염료, 설탕, 유리 등 다수 제품의 화학공업도 의미했다. 현대 과학적인

알제리 증류 장치(약초를 증류하는 장치)

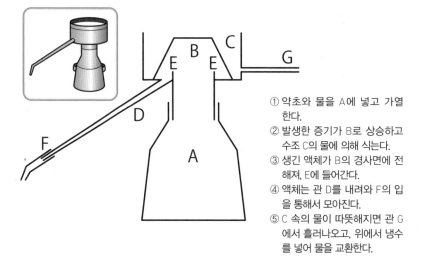

① 약초와 물을 A에 넣고 가열한다.
② 발생한 증기가 B로 상승하고 수조 C의 물에 의해 식는다.
③ 생긴 액체가 B의 경사면에 전해져, E에 들어간다.
④ 액체는 관 D를 내려와 F의 입을 통해서 모아진다.
⑤ C 속의 물이 따뜻해지면 관 G에서 흘러나오고, 위에서 냉수를 넣어 물을 교환한다.

머리로는 이것들이 왜 연금술이 되었는지 이해하기 어렵다. 하지만 한 개인이 직접 신과 마주하는 이슬람교도 입장에서는 색채가 다양하게 변화하는 화학 변화를 보면서 신이 행한 경이로움에 가슴이 뛰었을 것이다. 그러한 마음속에서 화학 즉 연금술을 키운 것이 아닐까?

8세기 중기 이후 무슬림 상인은 광활한 유라시아와 북아프리카 대륙과 바다에서 교역망을 넓혀나갔다. 그렇기 때문에 이슬람 사회는 만성적인 금이나 은과 같은 귀금속 부족에 고민하다 인위적으로 귀금속을 합성하는 연금술을 찾았다. 저명한 연금술사인 자비르 이븐 하이얀의 책에는 금속을 구성하는 근본 물질은 수은과 유황이라고 나와 있다. 이 두 물질의 증기가 결합하여 여러 가지 금속이 합성되고, 금이나 은도 생긴다는 것이다. 그 과정에는 증류가 중요할 수밖에 없다. 이슬람 화학기술이 금이나 은을 만들어내지는 못했지만 풍부한 성과를 가져온 것은 사실이다.

33 튀김은 아프리카 덕분
—— 아프리카와 내륙 아시아의 과학

세상을 바꾼 천근대의 대이론

> 콩과 기름은 아프리카가, 기마는
> 내륙 아시아가 낳은 과학.

콩과 기름은 아프리카가 낳은 과학

근대 이전에는 세계 6대 문명이 수평적으로 전개되었다. 앞에서는 그 중 이슬람, 중국, 인도의 민속적인 과학이 만들어낸 것들을 소개했다.

나머지 3곳은 아메리카와 사하라사막 이남 지역에 있는 아프리카, 그리고 내륙 아시아다. 먼저 아프리카의 과학이 인류에 기여한 두 가지를 소개한다.

하나는 콩류다. 콩은 유독성이 있는데다 딱딱해서 구워 먹을 수가 없다. 아프리카에서는 콩을 토기에 익혀 먹는 방법을 발견했다. 그와 함께 오랫동안 품종 개량을 해서 독성이 있는 부분을 없애고 금방 부드러워지는 콩을 만들어냈다. 또 하나는 기름의 발견이다. 인류 최초의 기름은 참기름으로 참깨 씨를 모아 요리하던 중에 씨에서 기름이 나오는 것을 발견한 것이다. 야생 참깨 중에서 입자가 큰 것만 골라내 씨를 많이 채취할 수 있는 참깨로 개량도 했다.

아라비안나이트의 '알리바바와 40인의 도적'에서 "열려라 참깨"라고 외던 주문은 요리와 조명 등에 사용되는 기름이 얼마나 귀중한 것인지를 보여준다. 우리가 먹는 튀김이나 돈가스 또한 사실 아프리카 덕분인 셈이다.

내륙 아시아가 낳은 기마

한편, 내륙 아시아의 과학이 만들어낸 것이라 하면 뭐니 뭐니 해도 기마다.

말을 가축으로 기르기 시작함과 거의 동시에 사람들은 바지를 입고 말 등에 올라타 재갈(오른쪽 그림)을 물린 고삐를 잡아당겨 원하는 방향으로 말을 몰기 시작했다.

아프리카의 참깨와 콩 재배지

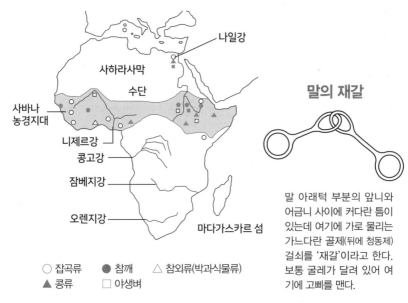

나일강

사하라사막

수단

사바나
농경지대

니제르강

콩고강

잠베지강

오렌지강

마다가스카르 섬

○ 잡곡류　● 참깨　△ 참외류(박과식물류)
▲ 콩류　□ 야생벼

말의 재갈

말 아래턱 부분의 앞니와
어금니 사이에 커다란 틈이
있는데 여기에 가로 물리는
가느다란 골제(뒤에 청동제)
걸쇠를 '재갈'이라고 한다.
보통 굴레가 달려 있어 여
기에 고삐를 맨다.

　이것을 과학이라 하기에는 위화감을 느끼는 측면도 있을 것이다. 하지만 몸의 움직임 자체에서 발견한 인식을 일상생활의 현장에서 실천했다고 평가할 수는 있다.

　오히려 진정한 의미의 종합적인 자연과학을 몸으로 체득하지 못하면 심하게 건조한 지역에서 살아남을 수가 없다.

　유라시아 중에서도 중국, 인도, 이슬람, 내륙 아시아는 동서로 뻗어 있어 서로 다투면서도 교류하며 문명을 발전시켰다. 네 곳이 낳은 것 중 유용한 것은 각 세계로 빠져나가 다른 세계에 들어갔다. 이를 이용함으로써 글로벌 패권을 거머쥔 세력이 이슬람 세계 주변에 위치해 주변 혁명을 수행해온 유대·기독교권이었다. 한편 아프리카와 아메리카는 남북으로 길게 뻗어 있어 각 문명권이 고립되기 쉬워, 외부로부터 침략을 받으면 붕괴되고 말았다. 하지만……

34 인류를 굶주림에서 해방시켜준 식물의 품종 개량
—— 아메리카 원주민의 과학

> 자연과의 공존·공생하는 새로운 과학이 인류를 굶주림에서 구해 냈다.

수렵에서 농경시대로

아메리카대륙에서 발견된 가장 오래된 인골은 알래스카의 유적지에서 발견된 1만 4000년 전의 것이다. 게다가 대형 석재로 된 투창용 첨두기와 함께 발굴된 유적이 북미에서 멕시코까지 널리 분포되어 있다. 북미대륙에 발을 내디딘 인류는 거의 1000년도 안 돼 남미대륙 남단에 도달했다. 이들은 매머드와 마스토돈 등 대형 초식동물을 사냥하는 수렵민이었다. 사냥에는 기능은 있어도 과학기술은 없다고 당신은 생각할지도 모르겠다.

그러나 계속 변화하는 대상을 관찰하여 상황 변화를 파악하면서도 일관된 수렵의 법칙성을 추구하며 실험적인 시행착오 행위를 거듭한다고 하는 면에서 보면 그것이야말로 과학기술이 아닐까? 고도의 사냥과학기술을 지닌 수렵민 집단은 사냥감을 충분히 확보하게 되면서 인구가 급속히 늘어났다. 그와 동시에 필요 이상으로 과도하게 사냥을 해서 대형동물이 적어지자 수가 늘어난 수렵민은 처녀지를 찾아 다시 남하를 시작했다.

그대로 현지에 머물기로 결정을 내린 집단은 동물이 멸종될 때까지 어떻게든 견디며 새로운 식자원을 개발하거나 아니면 죽음을 맞았다. 하지만 남하의 대모험을 택한 집단에게도 결국 남미대륙 남단이라는 절대적 한계가 기다리고 있다. 대형동물 수렵민의 거센 물결이 지나간 뒤 각지에 새로운 식자원을 찾아 각 생태계에 입각한 삶의 탐구가 시작된다. 거기에는 생태계와의 공존·공생에 대한 새로운 과학기술의 창출이 필요했다.

1만 1000년경 빙하시대가 끝나고 알래스카에서 멕시코만에 걸쳐 광대한

미주대륙에 진출한 인류의 이동 경로

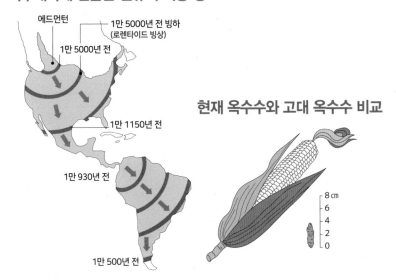

에드먼턴

1만 5000년 전 빙하
(로렌타이드 빙상)

1만 5000년 전

1만 1150년 전

1만 930년 전

1만 500년 전

현재 옥수수와 고대 옥수수 비교

8 cm
6
4
2
0

초원이 펼쳐졌다. 그 초원에 유일하게 소형화해서 살아남은 동물이 있었다. 바로 들소다. 수렵민들은 들소가 멸종하지 않도록 최소한도로 사냥하며 이후 1만 년간 들소와 공존을 꾀했다. 이들의 과학기술은 이전 세대에 비해 억제 효과를 똑똑히 본 완벽한 자기 완결형 형태라고 할 수 있을 것이다.

이후 멕시코로부터 농경이 조금씩 전해지면서 대평원 중 늘 물이 흐르는 강가에 촌락을 이루고 정착하는 농경민이 생겨났다. 이 하천에 정착한 농경민과 탁 트인 평원에서 이동생활을 하던 들소 수렵민 사이에서는 긴장 관계를 유지하면서도 교역이 이루어져 안정된 공생 관계를 영위해나갔다. 하지만 백인들이 말과 총을 반입하자 금세 들소 수렵민들은 과잉 사냥을 시작하여 자멸한다. 너무 완벽한 자기완결형 과학기술은 동떨어진 외부세계의 영향에 약하다고 말할 수 있을지도 모른다.

백인 문명이 극에 달해 있는 현재, 아메리카 선주민의 삶에서 배울 점이 있는 게 아닐까?

곡물, 약초, 기호품의 발견

멕시코에서는 약 1만 년 전부터 도토리 채집과 고추, 아보카도, 호박 등의 재배가 시작되었고 이윽고 콩과 옥수수, 고구마 등의 재배를 시도했다. 오래된 옥수수는 알맹이가 36개 내지 72개 밖에 붙어 있지 않았고, 옥수수 크기도 몇 센티미터밖에 안 될 정도로 작았다(85쪽 참조). 그랬던 옥수수가 안정된 농경 생활을 할 수 있도록 지금과 같은 크기로 품종 개량이 되기까지 무려 2000년이라는 긴 세월이 걸렸다. 멕시코 고지가 원산지인 고구마는 인구 부양 능력이 높은 우수한 작물이다.

안데스 산맥에서는 감자와 토마토가 재배되었다. 특히 감자는 잉카 문명을 쌓아 올린 사람들에게 중요한 식량이었다. 척박한 땅에서도 수확할 수 있었기 때문이다. 또한 말라리아 치료에 특효가 있는 키니네(퀴닌)는 현지 사람이 키나나무 껍질을 씹어 열병을 치료하는 데 사용했다. 이것도 훌륭한 과학이라고 나는 생각한다. 아마존에 들어가면 카카오, 파인애플, 그리고 고무가 있다. 볼리비아와 아마존에서는 땅콩과 담배도 있었다. 다양한 자연계에 둘러싸인 생활 속에서 먹을 수 있는 식물을 골라 재배해 나가는 데는 지혜와 노력이 필요하다. 그것이 자연과 공생하는 과학이다.

그런데 볼리비아 모호스대평원에는 장대한 고대 농업문명이 존재했다. 25만 ㎢에 이르는 모호스대평원에는 총 2만 개에 달하는 로마라 불리는 성토(일정한 높이로 흙을 쌓아 돋운 부지)가 있다. 거대한 것은 지름 1㎞, 높이 30m나 된다. 로마를 만든 가장 큰 목적은 홍수로부터 자신을 보호하기 위해서다. 모호스대평원은 우기에 범람하기 때문에 몇 개월이나 물에 잠긴다. 이때 로마는 물 위에 떠 있는 피난처가 되고, 사람과 식물과 야생동물이 공존하는 독립된 한 종의 생존권역이 된다. 이 호모스 문명이 멸망한 것은 아이러니하게도 문명이 지나치게 발달했기 때문이라고 할 수 있다.

제 4 장

화학의 기본

물질의 변화

35 타이어가 자동차의 무게를 지탱하는 이유 —— 보일의 법칙

> 일정 질량의 기체 압력 P와 부피 V는 온도가 일정하다면 서로 반비례한다.

체적과 압력이 반비례하는 '보일의 법칙'

당연시하고 지나치기 쉽지만 이상하다고 생각하면 아주 이상하게 느껴지는 현상이 있다. 자동차 타이어가 그렇다. 어떻게 2t, 5t이나 되는 차체를 공기 밖에 들어 있지 않은 타이어가 떠받치는 것일까?

타이어 튜브에는 보통 1.8에서 2kg/㎠ 정도의 압력으로 공기가 가득 담겨 있다. 1기압은 대략 1kg/㎠에 상당하므로 그 2배의 압력을 갖게 된다. 그렇기 때문에 사람과 짐을 실은 차의 무게를 지탱하면서도 타이어의 원형을 잘 유지한 채 그다지 마찰을 늘리지 않고도 달릴 수 있는 것이다.

이와 같이 기체를 타이어 튜브 같은 용기에 가두면 반드시 용기의 벽에 일정한 세기의 압력이 가해진다.

그런데 내부의 기체가 누출되지 않도록 한 채 온도를 바꾸지 않고 용기의 부피(체적)만 팽창시키면 어떻게 될까? 직육면체 한 변의 길이를 오른쪽 그림 ①과 같이 2배로 하고, 지면과 직각인 단면은 동일하게 유지하면서 부피를 2배로 만든다.

이렇게 하면 상하 방향으로 운동하는 1개의 분자는 위아래 벽에 충돌하는 횟수가 2분의 1로 줄어든다. 이것은 기체가 용기에 가하는 압력이 절반이 된 것을 의미한다.

체적을 이처럼 2배, 3배, ……로 늘여 나가면 압력은 2분의 1, 3분의 1, ……이 된다. 즉 부피와 압력의 곱은 변함없이 반비례한다. 이것이 보일의 법칙이다.

자동차 타이어가 원형을 유지하는 것은
안의 분자가 활발하게 운동하기 때문이다.

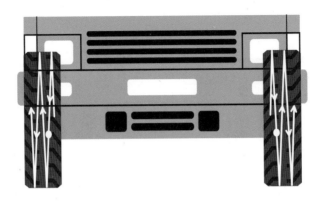

보일의 법칙

그림 ①

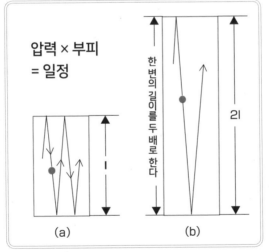

압력 × 부피
= 일정

한 변의 길이를 두 배로 한다

2l

l

(a)　　　　(b)

보일의 법칙을 발견하게 된 과정

로버트 보일(1627~1691)이 처음부터 보일의 법칙 이론을 제기한 것은 아니다. 오히려 그 반대로 '트리 체리의 실험'을 추가로 실시한 후 기체의 부피와 압력이 반비례하는 관계를 찾아냈다. 그리고 거기서 기체가 분자(원자) 혹은 입자로 구성되어 있는 것이 아닐까 생각하다 원자(분자)설과 입자설의 입장을 굳힌 것이다.

36 찌그러진 탁구공을 수리하는 기술
—— 보일·샤를의 법칙(이상 기체 방정식)

> 일정한 질량(1몰)의 기체의 부피 V는 절대 온도 T(섭씨온도에 플러스 273℃)에 비례하고 압력 P에 반비례한다. 그 비례상수 R을 기체상수라고 한다.

보일과 샤를의 법칙

앞서 언급한 보일의 법칙과 앞으로 언급할 샤를의 법칙을 합하여 보일−샤를의 법칙이라고 한다. 먼저 샤를의 법칙을 보기로 하자.

샤를의 법칙은 '압력을 일정하게 유지한 상태에서 기체의 부피 V는 절대 온도 T에 비례한다. 즉, V = 상수 × T이다.'

이 법칙은 프랑스의 물리학자 샤를(1746~1823)이 발견한 것이다.

그런데 보일의 법칙과 샤를의 법칙을 결합시킨 보일−샤를의 법칙을 설명하기 전에 보일의 법칙에 나오는 몰(mole)에 대해 알아보자.

몰은 다스와 비슷한 숫자의 집합 단위로 가볍게 생각하면 된다. 12개를 한 묶음으로 해서 1다스라고 하듯이, 6.02×10^{23}개의 입자 집단을 1몰이라고 한다. 입자가 분자로 이루어진 기체라면 1몰에 0℃, 1기압에서 22.4ℓ이다.

이 질량은 기체를 구성하는 분자의 분자량에 그램을 붙인 것이다.

탁구공을 뜨거운 물로 수리한다!

보일 − 샤를의 법칙은 1몰의 기체에 대한 법칙이지만, 이것을 n몰로 확장한 것이 '이상 기체 방정식'이다.

그런데 탁구공이 약간 찌그러졌을 뿐 구멍이 나 있지 않다면, 뜨거운 물에 잠시 담가두라. 그러면 탁구공 내부의 공기 압력이 증가해 셀룰로이드의 벽을 원래 상태로 복원해준다.

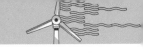

보일과 샤를의 법칙

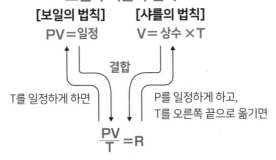

[보일의 법칙]	[샤를의 법칙]
PV＝일정	V＝상수 ×T

결합

T를 일정하게 하면

P를 일정하게 하고,
T를 오른쪽 끝으로 옮기면

$$\frac{PV}{T}=R$$

[보일 · 샤를의 법칙]

탁구공을 뜨거운 물로 수리

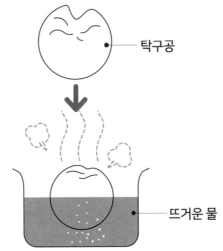

탁구공

뜨거운 물

이상 기체 방정식

$$\frac{PV}{T}=R$$

P : 압력
V : 기체의 부피
T : 절대온도
R : 기체상수
　　(0.082)

n 몰의 기체에 대해
PV＝nRT를 이상 기체 방정식이라고 한다.

이 방정식이 들어맞는 것은 실재하는 기체가 아니다. 이상 기체에만 들어맞는다. 이상 기체란 그 이름에 나타나 있는 것처럼 이상적인 조건에서 고찰된 기체를 말한다.

찌그러진 탁구공을 수리하는 기술 ── 보일 · 샤를의 법칙(이상 기체 방정식)

37 민달팽이 퇴치에 사용할 수 있다
── 반트호프의 법칙

> 삼투압은 용액이 진할수록 희석시키는 힘이 커지고, 온도가 높을수록 커진다.

'막'에 대한 압력은 진한 쪽에서 연한 쪽으로

민달팽이 퇴치에 예로부터 소금이 사용되었다. 소금을 뿌리면 민달팽이는 작은 덩어리가 되어 죽는다. 민달팽이의 체내 수분이 외부의 소금 쪽에 스며 나오기 때문이다. 그런데 소금보다 설탕이 보다 효과적이다.

삼투압은 반투막을 사이에 두고 농도가 다른 두 액체가 접촉했을 경우에 생긴다. 반투막이란, 눈에 보이지 않는 작은 구멍이 무수히 뚫려 있어, 구멍보다 큰 물질은 통과하지 못하고 작은 물질만 통과할 수 있는 막을 말한다.

예를 들어 반투막으로 분리된 농도가 다른 식염수는 농도가 낮은 쪽에서 농도가 높은 쪽으로 액체가 이동한다. 이것을 삼투현상이라고 한다. 그렇기 때문에 농도가 낮은 쪽과 농도가 높은 쪽 액체의 표면에 차가 생겨, '막'에 압력이 가해진다. 이것이 삼투압이다. 삼투압은 식염수 농도가 높으면 높을수록 희석하려고 하기 때문에 커지고 온도가 높을수록 분자 운동이 격렬해지면서 농도가 높은 것과 같은 효과를 발휘하여 커진다. 이것이 반트호프의 법칙, 일명 삼투압의 법칙이다.

반트호프의 식은 기체의 상태방정식과 완전히 똑같다. 기체는 공간을 분자 상태로 날아다닌다. 이에 반해, 용액에서는 용매 속에서 용질 분자가 날아다니는 것과 같은 것이므로 같은 식을 사용할 수 있다. 이것을 처음 알게 된 사람이 네덜란드의 화학자 야코뷔스 헨리퀴스 반트호프(1852~1911)다.

그는 이 외에도 '탄소 정사면체설'을 주장하는 등 천재적인 면을 보여 제1회 노벨화학상을 수상했다.

액체에 대해

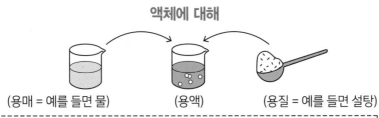

(용매 = 예를 들면 물)   (용액)   (용질 = 예를 들면 설탕)

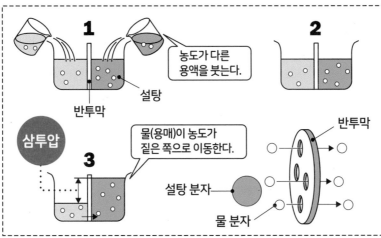

1

농도가 다른
용액을 붓는다.

설탕

반투막

2

삼투압

3

물(용매)이 농도가
짙은 쪽으로 이동한다.

설탕 분자

물 분자

반투막

액체 상태를 나타내는 다음 네 가지 요소는

삼투압   부피   몰   온도

(용질 분자의 수)
기체 방정식과 함께한다!

(용액의)   (용질의)

삼투압(P) × 부피(V) = 몰수(n) × 상수 R × 온도(T)

반트호프(삼투압) 법칙의 공식

$$PV = nRT$$

P : 삼투압   V : 용액의 부피   n : 용질의 몰수

R : 기체 상수 (0.082)   T : 절대온도

왼쪽 변의 V를 오른쪽 변으로 옮기고, $\frac{n}{V}$ 로 한 것이 농도에 해당한다.

38 다이아몬드를 집광렌즈로 태워보고 확인했다!

—— 질량보존의 법칙(물질불멸의 법칙)

화학반응이 일어나기 전과 일어난 후에 반응에 관계하는 물질 전체의 질량은 변하지 않는다.

라부아지에의 화학 혁명!

1774년, 앙투안 로랑 라부아지에는 질량보존의 법칙을 제창함으로써 화학 혁명을 시작했다.

라부아지에의 화학 혁명은 고대 그리스 이래 중세를 지배한 4원소설을 의심하면서 시작되었다. 세계가 불, 공기, 물, 흙으로 되어 있다는 4원소설을 믿는 학자들은 물을 오랫동안 끓이면 침전물이 생기므로 물을 가열하면 흙으로 변한다고 생각했다.

라부아지에는 이 설의 진위를 확인하기 위해 물을 유리용기에 넣고 101일 동안(!) 가열했다. 그러자 확실히 침전물이 생겼다. 그런데 그는 실험 전과 후에 유리용기의 무게를 재서 비교해 보았다. 그리고 유리용기가 가벼워진 분량만큼 생성된 침전물은 물이 변해서 생긴 것이 아니라 용기의 내벽이 녹은 것임을 밝혀냈다.

라부아지에는 당시 과학자들이 믿었던 플로지스톤설*도 의심했다. 플로지스톤설에 따르면 금속이 연소한 후에 금속재가 녹슬게 되는데, 이때 플로지스톤이 빠져 나간다는 것이다. 그렇다면 가벼워져야 할 텐데 무거워지는 것은 왜일까, 라부아지에는 생각했다.

---

* 모닥불을 피우면 뭔가가 빠져나가고 재가 남는다. 그 빠져나간 뭔가가 플로지스톤(연소)이라는 설은 느낌이 뒷받침되었기 때문에 뿌리가 깊었다. 게다가 플로지스톤을 원소의 하나로 간주했다. 이를 주창한 사람이 독일 의학자이자 화학자인 게오르크 슈탈(1660~1734)이다. 플로지스톤을 원소라고 한 것은 어쩌면 고대의 4원소설의 영향인지도 모른다.

물질 전체의 질량은 변하지 않는다!

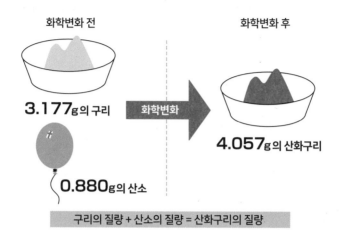

화학변화 전

3.177g의 구리

화학변화

0.880g의 산소

화학변화 후

4.057g의 산화구리

구리의 질량 + 산소의 질량 = 산화구리의 질량

라부아지에는 밀폐용기 속에 다이아몬드를 넣고 커다란 집광렌즈를 사용하여 태웠다. 하지만 유리용기를 포함한 전체 무게는 전혀 변함이 없었다. 밀폐용기의 뚜껑을 열자 외부 공기가 들어가 그만큼 무게가 늘었다.

후에 라부아지에는 그것이 산소이고 산소와 결합한 양만큼 금속재가 무거워지는 것을 밝혀냈다.

이렇게 하여 라부아지에의 정밀측정은 약 70년간 명성을 날린 플로지스톤설을 근본적으로 뒤엎고, 질량보존의 법칙으로 이끌어냈다. 질량보존의 법칙은 물질불멸의 법칙이라고도 한다. 라부아지에의 영혼과 법칙은 불멸할 것이다.

앙투안 로랑 라부아지에(1743~1794)

라부아지에는 25살 때 루이 왕조 아래에서 정부 대신 세금을 징수하는 일을 했다. 그는 모든 것을 정밀하게 재야만 직성이 풀리는 측정 오타쿠였던 만큼 공평하긴 했을 것이다. 하지만 세금을 징수하면서 미움도 받은 탓인지 프랑스 혁명 때 단두대의 이슬로 사라지고 만다. 화학혁명을 추진한 그가 정치혁명에서 살해당한 것도 그의 운명이었을까?

다이아몬드를 집광렌즈로 태워보기 확인했다! —— 질량보존의 법칙(물질불멸의 법칙)

39 돌아서 가도 흘린 땀은 같다
―― 헤스의 법칙(총열량 보존의 법칙)

> 화학반응 전후의 상태가 같으면 도중에 어떤 경로를 거쳐도 그 사이에 드나드는 열량의 합은 일정하다. 이를 총열량 보존의 법칙이라고도 한다.

화학반응을 일으키는 데 필요한 최소한의 에너지

우선 구체적인 예에서 찾아보자.

숯 12g(1몰 분량)을 태워 완전 연소하면 이산화탄소가 생길 때 94.1kcal의 열이 발생한다. 하지만 불완전 연소하여 일산화탄소가 생길 때는 26.5kcal의 열밖에 발생하지 않는다.

그런데 일산화탄소를 더 태우면 67.6kcal의 열이 나온다. 26.5kcal와 67.6kcal를 더하면, 94.1kcal가 된다. 이것은 헤스가 발견한 법칙의 한 예다.

헤스의 법칙은 에너지보존 법칙(48쪽 참조)의 화학반응에 응용할 수 있다.

마이어가 에너지보존 법칙에 대한 논문을 쓰기 2년 전인 1840년, 제르맹 앙리 헤스(1802~1850)가 이 사실을 발견했다. 헤스는 스위스 태생으로 당시 러시아 제국의 페테르부르크에서 화학을 가르쳤다. 아래 그림을 보고 신기하게 생각하는 사람들을 위해 설명을 덧붙일 것이 있다.

예컨대 탄소가 산소와 결합하여 이산화탄소로 변할 때는 작은 산을 넘어야만 한다.

이때 필요한 에너지를 활성화 에너지라고 한다. 한남동에서 충무로에 갈 때, 남산을 넘으려면 에너지가 필요하다.

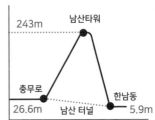

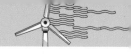

헤스의 법칙

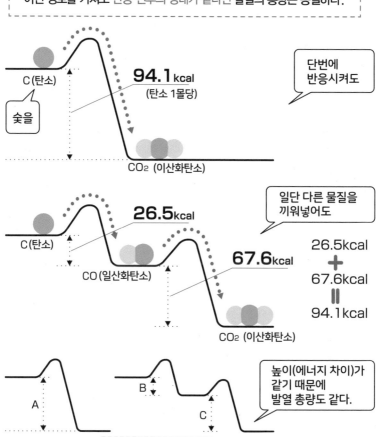

어떤 경로를 거쳐도 반응 전후의 상태가 같다면 발열의 총량은 동일하다.

C (탄소)

숯을

94.1kcal
(탄소 1몰당)

CO₂ (이산화탄소)

단번에
반응시켜도

26.5kcal

C (탄소)

CO (일산화탄소)

67.6kcal

CO₂ (이산화탄소)

일단 다른 물질을
끼워넣어도

26.5kcal
+
67.6kcal
=
94.1kcal

A

B

C

높이(에너지 차이)가
같기 때문에
발열 총량도 같다.

A = B + C

둘이서 가도 좋은 길은 같다 ── 헤스의 법칙(총열량 보존의 법칙)

왜 활성화 에너지가 필요할까?

예컨대 탄소가 산소분자와 살짝 닿은 정도로는 화학반응이 일어나지 않는다. 탄소와 산소분자 내부 모습이 완전히 변할 정도로 접근해야만 된다. 그러려면 역시 특별한 에너지가 필요하다. 화학반응을 일으키는 데 필요한 최소한의 에너지가 바로 활성화 에너지다.

40 맥주 거품과 잠수병의 깊이 인연
—— 헨리의 법칙

> 온도가 일정할 때 기체가 액체에 용해되는 양은 그 기체의 압력에 비례한다. 그리고 그 양은 온도가 높을수록 감소한다.

어떤 상황일 때 기체가 액체에 녹기 쉬울까?

기체는 액체 속에 용해된다. 그 때문에 물고기는 물속에 녹아 있는 산소 가스를 호흡하며 살아갈 수 있다.

기체는 그 기체의 압력이 높을수록 액체에 잘 녹는 성질이 있다. 온도가 일정하면 녹는 양은 압력에 비례한다.

이것은 영국의 뛰어난 실험화학자였던 윌리엄 헨리(1774~1836)가 29살 때 발견한 법칙이다.

이 관계를 교묘하게 이용한 것이 맥주의 거품이다. 맥주의 거품은 맥주 속에 녹아 있는 탄산가스(이산화탄소)가 증발한 것이다.

이산화탄소는 맥주가 효모의 작용으로 발효할 때 내부에서 발생한다. 특히 발효 후반 단계에서 맥주의 온도를 0℃ 정도로 유지하고, 발효용 탱크 속의 압력을 높이기 때문에 잘 녹는다.

게다가 본래 이산화탄소는 다른 기체에 비해 물에 잘 녹는 성질이 있다.

맥주에서 거품이 나오는 이유

맥주가 소비자에게 전달되어 맥주 뚜껑을 열면 맥주 속에 녹아 있던 이산화탄소가 거품이 되어 나온다. 왜 그럴까?

맥주를 병에 담아 출하할 때 병 속의 압력은 약 11~14기압의 가스 압력으로 유지되는데 그에 걸맞는 이산화탄소가 녹아 있다.

그런데 병뚜껑을 열면 공기의 기압에 노출되어 압력이 확 낮아진다.

거기다 실내 온도에 가까운 컵을 만져 온도가 상승하는 순간 맥주에 녹아

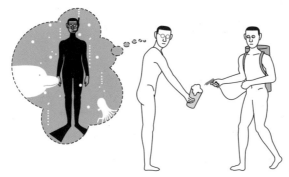

물이 끓으면 기포가 생기는 이유

물이 가열되면서 물에 녹아 있던 기체와 그릇의 벽에 붙어 있던 기체의 용해도가 감소하기 때문이다.

맥주에서 거품이 나오는 이유

(개봉 전) : 이산화탄소가 녹아 있다.

(개봉 후) : 이산화탄소가 거품이 되어 나온다.

있을 수 있는 이산화탄소 양이 줄어든다.

이렇게 되면 여분의 이산화탄소가 거품이 되어 나온다(위 그림 참조).

'잠수병'의 원리

헨리의 법칙 때문에 곤란한 경우도 있다. 잠수병이다. 수중에서는 수심이 1m씩 깊어질 때마다 0.1kg/f씩 압력이 높아진다.

물속 깊이 잠수하면 잠수할수록 사람의 혈관 속에 여분의 질소가 녹아든다. 그런데 수면 위로 빠르게 올라와 압력이 급격히 낮아지면 그때까지 혈관에 녹아 있던 질소가 기포를 만들면서 혈액 속을 돌아다닌다.

이것이 몸에 통증을 유발하게 되는데, 이를 방지하기 위해서는 압력을 조금씩 천천히 줄여야 한다.

헨리의 법칙이 성립되는 기체

헨리의 법칙은 용해도가 작고 액체에 잘 녹지 않는 기체에 성립된다. 액체에 잘 녹는 암모니아나 염화수소 같은 기체에는 성립되지 않는다.

41 된장국은 진할수록 화상을 입기 쉽다 ── 라울의 법칙

> 연한 용액의 끓는점 상승이나 응고점 강하는 용액의 몰 농도에 비례한다.

끓는점을 바꾸고 싶다면 뭔가를 녹여라

아무것도 섞이지 않은 물은 100℃에서 끓어 차츰 증발한다. 물뿐만 아니라 모든 액체는 각각 특정한 온도에서 끓은 다음 기체가 된다.

이 끓는 온도를 끓는점(비등점)이라고 한다.

어떤 액체에 무언가가 녹아 있으면 그 액체가 증발하는 데 방해가 된다. 그 때문에 끓는점이 높아진다. 이것을 끓는점 오름(오른쪽 그림)이라고 한다.

얼마나 끓는점이 상승하는가는 그 용액의 몰 농도에 비례한다. 몰 농도는 용액 1ℓ에 용질이 어느 정도나 존재하는가를 나타낸다.

방해물이 존재하면 존재할수록 끓는 것을 방해하기 때문에 그만큼 끓는점은 상승한다.

방해하는 것이 너무 많으면 비례 관계가 성립하지 않는다(102쪽 참조).

된장국은 끓기 직전에 불을 끄는 것이 좋다고 하는 것도 끓으면 풍미가 날아가 버리기 때문이다.

그런데도 끓는점을 기준으로 해서 불을 끄기 때문에 몰 농도가 높은 된장국 쪽이 뜨겁다. 그래서 연한 된장국보다 진한 된장국에 화상을 입기 쉽다.

그럼 이번에는 어는점 내림을 살펴보자.

어는점 내림의 구조

아무것도 섞이지 않은 물은 0℃에서 얼음이 된다. 이처럼 액체가 고체로 굳어지는 것을 응고라고 하며, 응고하는 온도를 어는점이라 한다.

끓는점 오름

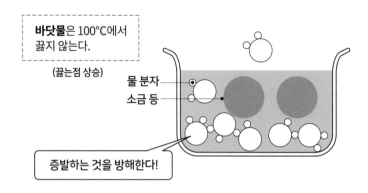

바닷물은 100℃에서 끓지 않는다.

(끓는점 상승)

물 분자

소금 등

증발하는 것을 방해한다!

고체의 경우, 물이라면 물 분자들이 정연하게 배열되어 있다. 액체는 열에너지에서 분자운동이 심해 정연한 배열이 흐트러진 상태다. 액체의 온도가 내려가 어는점에 도달할 경우 액체의 분자가 정연하게 배열하려고 해도 거기에 다른 물질의 분자가 있으면 방해가 되어 제대로 정렬할 수 없다.

이때 더 낮은 온도가 되어야 비로소 다른 물질의 분자를 우회하도록 해서 분자를 정렬한다. 이렇게 어는점이 내려가는 현상을 어는점 내림이라고 한다.

어는점 내림은 액체에 녹아 있는 물질(매질)의 양에 비례한다. 즉, 용액이 진하면 진할수록 어는점은 내려간다. 그래서 물은 0℃에서 얼지만, 바닷물은 0℃보다 낮은 온도에서 언다.

이 법칙을 찾아낸 사람이 프랑수와 마리 라울이다.

프랑수아 마리 라울(1830~1901)

프랑스의 물리화학자. 파리대학에서 공부하다 경제적 사정으로 학업을 중단하고 과학 교사를 하면서 공부를 계속했다. 1863년에 학위를 취득하고 1870년 화학 교수가 되었다. 1878년부터 포도주의 강도를 측정하기 위해 어는점 연구를 시작, 라울의 법칙을 발견하기에 이르렀다.

라울의 법칙

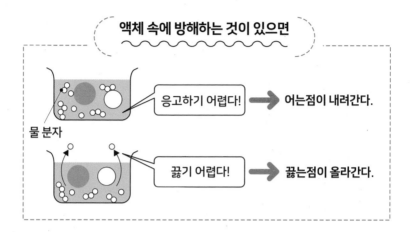

액체 속에 방해하는 것이 있으면

물 분자

응고하기 어렵다! ➡ **어는점이 내려간다.**

끓기 어렵다! ➡ **끓는점이 올라간다.**

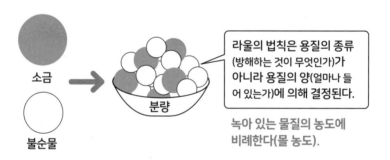

소금

불순물

분량

라울의 법칙은 용질의 종류
(방해하는 것이 무엇인가)가
아니라 용질의 양(얼마나 들
어 있는가)에 의해 결정된다.

녹아 있는 물질의 농도에
비례한다(몰 농도).

몰 농도란

몰 농도는 화학의 가장 중요한 기본 단위다. 90쪽에서 소개한 것처럼 6.02×10^{23}개 입자(원자나 분자) 수를 1몰이라고 한다. 원자핵의 양성자 수를 원자번호라고 하고, 양성 자와 중성자의 합을 질량수라고 한다. 예를 들어 질량수 12인 탄소원자 12g을 구성하 는 수는 6.02×10^{23}개이다. 물 18g(H_2O : $1 \times 2 + 16 = 18$)을 형성하는 입자의 개수도 6.02×10^{23}이다.

제 5 장

생명체의 보편성

지구와 우주의 신비

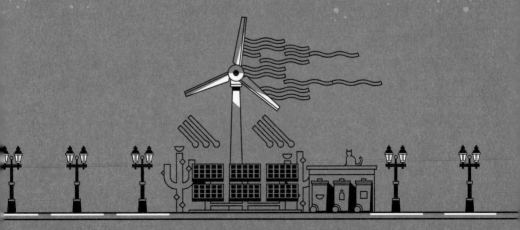

42 커피잔 위에 피어난 창조의 불꽃
──── 세포설

생물은 세포로 이루어져 있다.

생물의 구성단위에 도전한 두 독일인

동물이나 식물이 세포로 구성되어 있다는 사실은 누구나 다 아는 상식이다. 하지만 그 사실을 증명해보이기는 어렵다. 하물며 그것을 처음으로 주장하는 어려움은 상상을 초월할 것이다. 그런데 19세기에 어려움을 무릅쓰고 생물의 세포설을 주장한 독일의 두 남자가 있었다. 마티아스 슐라이덴과 테오도르 슈반이다. 이 두 사람은 대조적인 면이 많았다.

마티아스 슐라이덴(1804~1881)은 독창적이었으나 자기주장이 강해 논적을 가차 없이 공격했다. 반면 테오도르 슈반(1810~1882)은 신앙심이 깊은데다 온화하고 겸손해 논쟁을 싫어했다. 한 사람은 동물을 연구한 후 동물의 구성단위가 세포라고 주장했다. 다른 한 사람은 식물을 연구한 후 모든 식물의 기본 단위는 세포라고 주장했다. 누가 어느 쪽을 주장했다고 생각하는가?

슐라이덴은 원래 변호사였으나 권총 자살에 실패하고 나서 생물학과 의학을 배웠다. 인간관계에 진저리가 나서 살아있는 몸에 관심을 갖게 되었을까? 그는 1838년, 『식물의 기원』을 발표하여 생물체의 기본구조가 세포라고 역설하였다.

그 해 10월, 슐라이덴은 식탁에서 커피잔을 앞에 두고 자신의 학설을 이야기했다. 이를 듣고 있던 슈반은 깜짝 놀란다. 자신이 조사한 동물의 신경세포 구조가 슐라이덴이 말하는 식물의 세포와 너무나 비슷했기 때문이다. 슈반은 슐라이덴에게 올챙이의 척색 세포를 보여주었다. 두 사람은 동물과

식물이나 동물은 모두 세포로 이루어져 있다!

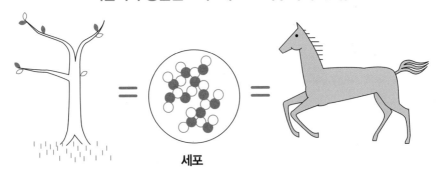

세포

식물이 기본적으로 동일한 단위로 이루어져 있다는 데 동의한다.

돌아다니는 동물과 한 곳에 머물러 있는 식물이 동일한 단위로 구성되어 있다는 것을 어떻게 알아냈을까? 생각해보면 대단한 발견이라는 생각이 든다.

이듬해인 1839년 슈반은 『동식물의 구조와 성장의 일치에 관한 현미경적 연구』라는 논문에 세포설을 발표했다. 그는 슐라이덴의 부정확한 학설을 이어받아 세포에 대한 연구를 계속하며 세포를 분류했다. 그리고 달걀도 세포의 하나라고 주장했다.

단세포 생물에서 다세포 생물로 진화

적어도 지구상에서 발생하는 생명체는 세포라는 형태를 가지고 있다. 그것도 단 하나의 세포로 이루어진 단세포 생물이었다.

그런데 이윽고 세포끼리 모임으로써 다세포 생물이 되어 우리 인간도 나무나 잔디와 마찬가지로 그 일원이 되었다. 그렇다면 어떻게 단세포 생물에서 다세포 생물로 진화되었을까? 아마도 먼저 원핵세포에서 진핵세포로 진화되었기 때문일 것이다. 원핵과 진핵이 뭔지 궁금하다면 세포 내 공생설을 먼저 읽어보기 바란다(112쪽 참조).

43 수도원의 정원에서 있었던 위대한 발견
—— 멘델의 법칙은 다윈의 고민을 해소시켜주었다!

> 유전의 본질에는 세 법칙이 성립한다.

유전, 그 세 가지 법칙

영국의 생물학자 다윈이 1859년에 발표한 『종의 기원』은 당시 유럽에 일종의 정신혁명을 불러왔다. 인간 중심의 세계관에서 탈피할 것을 요구했기 때문이다. 다윈을 괴롭혔던 문제 중 하나는 유전이었다.

당시 다윈을 비롯하여 일반적으로 받아들인 것은 '혼합유전'이었다. 부모로부터 물려받은 유전적 성질이 마치 커피와 우유가 한데 섞이듯 혼합된다는 것이다. 이렇게 되면 모처럼 자연도태로 획득된 유리한 형질이 세대를 거치면서 점차 희미해져 버린다.

사실 다윈의 고민을 해결하는 유전 원리는 다윈이 살아 있던 1865년에 발견되었다. 멘델의 법칙, 혹은 유전의 법칙으로 알려져 있는 법칙이다.

부모로부터 물려받은 입자적인 유전 요소(오늘날의 유전자에 해당한다)가 유전의 본질이다. 거기에는 다음과 같은 법칙이 성립한다. 이를 멘델의 법칙이라고 한다. ① 부모로부터 물려받은 1대 요소 중 한쪽이 우성이고, 다른 한쪽이 열성이라면 우성의 형태만 표현된다. 이것을 우열의 법칙이라고 한다. 우성과 열성의 차이는 유전정보가 외부에 그대로 표현되느냐 되지 않느냐에 지나지 않는다. ② 우성과 열성의 요소는 결코 섞이지 않으며, 자가 수정에서는 손자 대에서 우성과 열성이 3대 1의 비율로 표현된다. 이를 분리의 법칙이라고 한다. ③ 2대 이상의 형질을 생각한 유전으로 그 형질 또는 그들에 대한 유전 요소는 완전히 독립적으로 행동한다. 이를 독립의 법칙이라고 한다.

이에 따르면 자연도태에 의해 선택된 유리한 형질은 엷어지는 일 없이 세대에서 세대로 이어질 수가 있다.

완두콩 논문 원고 1페이지

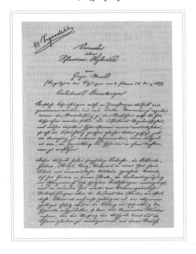

멘델의 우열의 법칙 ①

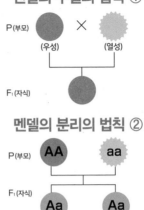

P (부모)

(우성)   ×   (열성)

F₁ (자식)

멘델의 분리의 법칙 ②

P (부모)   AA   aa

F₁ (자식)   Aa   Aa

F₂ (손자)   AA   Aa   Aa   aa

대립에서 집단유전학으로

멘델의 법칙은 발견 당시 그 가치를 인정받지 못했다. 하지만 1900년 멘델의 유전학이 재발견된 후 새로운 종은 돌연변이로 한 세대를 건너뛰어 태어난다고 하는 멘델학파와 새로운 종은 자연도태로 서서히 형성된다는 다윈의 생물통계학파 사이에 격렬한 논쟁이 벌어졌다.

하지만 초파리를 이용한 실험유전학의 발달로 두 학파 대립이 외관상에 지나지 않는다는 사실을 알게 되었다. 그 후 두 학파가 합체 변신을 꾀한 결과 '집단유전학'을 탄생시켰다. 여기에 고생물학도 합세해 '진화종합설'로 발전해 갔다.

20세기 이후 '우주는 시간이 지나면서 팽창하여 변화한다'는 팽창우주론이 제기되면서 우주가 진화한다는 주장을 인정하는 분위기가 만들어졌다. 그러자 생명체의 진화가 한층 변화하고 보다 풍부해졌다. 저절로 팽창하는 우주의 진화가 거의 필연적으로 잉태하는 '스타차일드(신인류)'라는 것을 시사하게 된 것이다(128쪽 참조).

44 이중나선을 발견한 비화
—— 분자생물학의 센트럴 도그마(중심원리)

> 유전자의 본체는 DNA이며, 많은 분자로 이루어진 나선구조다.

DNA 구조를 밝히기 위한 여정

대학 4학년 때부터 유전자의 실태를 알고 싶어 하는 청년이 20세기 중반 미국에 나타났다. 바로 제임스 D 왓슨이다.

당시 유전자의 실태가 해명되어 있지 않아, 많은 학자들은 단백질의 일종이 아닐까 생각했다. 이런 가운데 영국의 온화한 신사 모리스 윌킨스는 DNA에 주목해 그 X선 회절상을 사진으로 찍어 연구를 진행했다.

처음에 왓슨은 윌킨스 밑에서 배우려 했으나 받아주지 않아 케임브리지 대학 캐번디시 연구소에 들어갔고, 그곳에서 프랜시스 크릭과 만난다. 이때 크릭은 단백질을 연구하던 중이었는데, 그보다 DNA 쪽이 더 중요하다는 데 두 사람의 의견이 일치한다.

미국 서해안에 사는 과학자 폴링이 '유치원 아이들 장난감 비슷한 한 쌍의 분자모형'을 사용하여 단백질이 일종의 나선구조임을 밝혀냈다.

왓슨과 크릭은 이 실용적인 분자모형과 영국이 앞서있는 X선 사진이라는 두 가지 방법으로 DNA 구조를 밝히기로 하고 나선형의 중심에 당과 인산이 골격을 이룬 모형을 만들었다. 자신들이 봐도 몇 가지 원자를 억지로 밀어 넣은 느낌이었다. 그때 라이벌 여성 과학자인 프랭클린이 비판하자 모형을 없애 버렸다. 그때 브래그 법칙으로 유명한 소장 로렌스 브래그 경이 왓슨과 크릭에게 DNA 연구를 포기하라고 권했다.

크릭은 단백질 연구로 돌아가고, 왓슨은 담배 모자이크 바이러스 연구에 몰두했다. 그러던 중 두 사람은 다시 DNA 이야기를 하게 되었다. 왓슨은 자신의 책상 앞에 DNA → RNA → 단백질이라고 하는, 후에 센트럴 도그

마(유전정보의 전달·발현에 관한 분자생물
학의 일반 원리-역주)라 불리는 원리를 써
붙여 놓았다.

하지만 DNA의 구조를 확실히 모르
면 유전정보가 핵산으로부터 단백질로
흐른다는 유전정보의 흐름을 알 수가 없
다. 유전정보를 놓고 생각하는 사이에
폴링이 DNA 구조를 밝혔다는 빅뉴스
가 전해졌다. 하지만 폴링의 원고를 잘
검토해 본 결과, 화학의 기초적인 오류
를 범했다는 사실이 밝혀졌다. 아직 늦
지 않았다!

때마침 왓슨과 크릭이 DNA 연구를
재개할 수 있도록 브래그 경이 인정을
해주었다. 두 사람은 X선 사진을 보고
당과 인산의 골격이 분자 외측에 있다고
생각하고 있었다.

이리저리 헤매던 중 갑자기 생각이
떠올랐다.

2개의 염기가 어떻게 조합되어 이른
바 이중나선의 옆 계단이 되는지를 말
이다.

이렇게 하여 왓슨과 클릭은 자신들이
발견한 이중나선처럼 힘을 모아 대발견을 이루어냈다.

센트럴·도그마와 RNA 월드

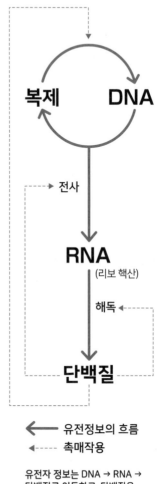

유전자 정보는 DNA → RNA → 단백질로 이동하고, 단백질은 그 촉매로서 정보의 전사, 해독 등 중요한 역할을 한다.

이중나선을 발견한 비화 —— 분자생물학의 센트럴 도그마(중심원리)

45 닭이 먼저인가, 달걀이 먼저인가?
—— RNA 세계 가설

> 지구 최초의 생명체는 RNA를 중심으로 구성되었으며, RNA 분자가 유전자로도 촉매로도 작용했다.

유전 정보의 담당자는 RNA

생명의 기원을 생각하면 닭(기능)이 먼저인가, 달걀(정보)이 먼저인가 하는 문제에 부딪친다. 현재는 DNA(디옥시리보 핵산) → RNA(리보 핵산) → 단백질이라는 센트럴 도그마(중심원리)라 불리는 유전정보의 흐름이 알려져 있다. 단백질이 작용하여 핵산이 만들어지고, 그 단백질을 만드는 데 필요한 정보는 핵산이 갖고 있다. 그렇다면 단백질과 핵산 어느 쪽이 먼저 출현한 것일까? 이 패러독스 문제는 1980년대 핵산의 일종인 RNA가 단백질의 도움 없이 단백질의 작용인 촉매작용을 한다는 것이 알려지면서 일단락되었다.

센트럴 도그마에서 RNA는 DNA 정보를 단백질에 전달하는 메신저(전달자) 역할만 할 뿐이고, 주역은 어디까지나 DNA다. 그런데 원시지구에서 생명체가 탄생했을 무렵, 유전정보 담당은 DNA에 있지 않고, RNA에 있다고 생각했던 것이다. 그 이유는 유전정보와 촉매 양쪽 작용을 한다는 데 있으나, 그 외에도 몇 가지 이유가 있다.

그 이유의 하나는 RNA의 구성성분인 리보오스가 DNA의 구성성분인 디옥시리보스에 비해 무생물의 환경에서 합성되기 쉽다는 것이다. RNA 전체도 DNA 전체보다 무생물의 환경에서 합성되기 쉽다.

하지만 아직 밝혀지지 않은 것이 있다. 예컨대 세포의 증식에 필수적인 핵산이나 단백질의 합성, 그를 위한 화학 에너지의 공급에 작용하는 RNA가 존재하는지 여부는 지금 학계의 최전선에서 한창 연구가 진행 중이다.

생물의 정보 흐름

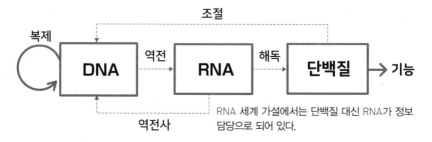

RNA 세계 가설에서는 단백질 대신 RNA가 정보
담당으로 되어 있다.

지구에 등장한 생명체의 탄생

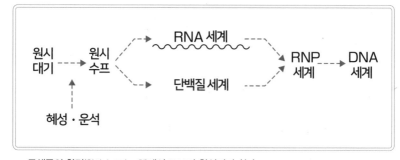

무생물의 환경(원시 수프라고 함)에서 RNA가 합성되기 쉽다.

새로운 도그마

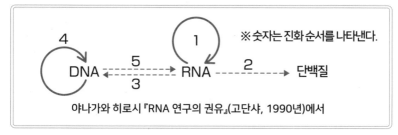

야나가와 히로시 『RNA 연구의 권유』(고단샤, 1990년)에서

RNA는 DNA에 비해 다양한 기능을 한다. 생명체가 요구하는 여러 역할을 담당하는 멀티
탤런트인 셈이다. 그때까지 생각해보지도 못했던 생명체 탄생의 스토리를 보다 구체적으
로 그릴 수 있게 되었다.

46 옛날에는 산소가 독이었다
—— 세포 내 공생설

우리 몸(동물과 식물 포함)을 구성하는 진핵세포는 여러 원핵세포의 공생체이다.

환경에 적응하기 위한 박테리아의 진화

인간의 몸은 약 60조 개나 되는 세포, 그것도 진핵세포로 이루어져 있다. 반면 대장에 사는 약 100종류 100조 개나 되는 장내세균이나 병원균의 대부분은 원핵세포다. 진핵세포는 세포 속에 DNA가 있는 핵을 가진 세포다. 원핵세포는 그런 핵이 없고, DNA가 세포 속에 흩어져 있다.

지구상에 등장한 최초의 미생물은 원핵세포다. 원핵세포에서 진핵세포로 진화한 과정을 설명한 것이 세포 내 공생설이다(다른 설도 있지만, 최근에는 세포 내 공생설을 인정하고 있다). 지금까지 발견된 가장 오래된 미생물의 화석은 약 32억 년 전의 것이다.

최초의 미생물은 비생물적 환경에서 만들어진 유기물을 먹고 살지만 언젠가는 다 먹어치우게 된다. 스스로 무기물에서 유기물과 에너지를 생성하는 방법을 아는 생물만이 살아남는다. 그 중에서도 '광합성'을 발견한 푸른 박테리아(시아노박테리아)가 어디에나 존재하는 물과 빛과 탄산가스를 이용하여 생존할 수 있었다. 하지만 푸른 박테리아는 근본적인 모순을 안고 있었다.

그 무렵에는 산소가 독이어서 산소가 많으면 살 수 없었다. 그런데도 스스로 광합성으로 산소를 만들어 방출한 것이다. 푸른 박테리아가 방출한 산소가 엄청나 대기 중의 산소는 원래의 0.0001%에서 21%까지 늘었다. 그야말로 '지구에 일어난 최대 규모의 오염'이었다. 20억 년 전의 일이다.

전 지구적 규모의 엄청난 공해에 많은 생물들은 멸종했다. 드디어 광합성

과정을 반전(역발상!)시키는 호흡에 의해 산소라는 독을 역이용하는 박테리아가 등장한다. 유기물을 산소와 반응시킴으로써 탄산가스와 물로 바꿔 대량의 에너지를 끌어낸 것이다.

산소 오염을 두려워한 미생물들은 독창적인 호흡 박테리아와 밀접한 공생을 찾는다. 다른 생물 속에 흡수된 호흡 미생물이 바로 미토콘드리아다. 미토콘드리아는 세포 전체에 에너지를 공급하는 발전소 역할을 한다. 뿐만 아니라 광합성 생물에게 흡수되어 엽록체가 된다. 이처럼 진핵세포가 다른 원핵세포를 받아들여 공생관계를 맺기에 이른다.

세포 내 공생설은 핵을 가진 세포의 기원을 설명하려는 것이었으나, 정작 핵의 성립을 설명하기에는 부족했다.

세포 내 공생설

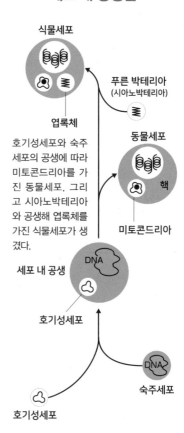

호기성세포와 숙주 세포의 공생에 따라 미토콘드리아를 가진 동물세포, 그리고 시아노박테리아와 공생해 엽록체를 가진 식물세포가 생겼다.

113

옛날에는 산소가 독이었다 —— 세포 내 공생설

세포 내 공생설을 주장한 린 마굴리스는 스페인계 미인(1938~2011)

린 마굴리스가 1960년대 후반에 공생설을 처음 발표했을 때 저자명은 린 세이건이었다. 천체물리학자 칼 세이건의 첫 번째 부인이었던 그녀는 이혼 후 유명해진 시점에서 마굴리스로 성을 바꿔 지금은 린 마굴리스라는 이름으로 알려져 있다. 부부라는 공생에 실패한 사람이 세포 내 공생설을 제창했다는 것이 재미있다. 이런 표현은 하지 않으려 했는데 결국 하고 말았다. 린 마굴리스에게 미안한 생각이 든다.

47 지진의 진원지를 어떻게 알아내는 걸까? —— 오모리 공식

> 지진의 진원 거리를 도출해내는
> P파와 S파

종파와 횡파의 차이

지면의 흔들림을 기록하는 장치, 즉 지진계가 개발된 것은 19세기 말이다. 지진계가 개발됨으로써 알게 된 것은 지진이 일으키는 파동은 크게 나누어 2종류가 있다는 사실이다. 그게 바로 P파(종파)와 S파(횡파)다.

P파는 압력파이며, 파동이 진행하여 나아가는 방향에 압축과 팽창을 교대로 반복하면서 전달한다. 종파인 P파는 매질의 진동방향과 파동의 진행방향이 같기 때문에 고체, 액체, 기체 상태의 물질을 모두 통과할 수 있다.

S파는 매질의 진동방향과 파동의 진동방향이 직각인 횡파로 고체 상태의 물질만 통과한다. 액체나 기체는 옆으로 어긋나는 데 대한 탄력성이 없기 때문에 진동을 전달할 수가 없다.

전 세계 지진계의 기록이 많이 축적되면서 지구 내부를 알 수 있게 되었다. 이것은 20세기 위업 중 하나다.

여기서는 오모리 공식에 대해 살펴보겠다. 오모리 공식은 일본의 지진학자 오모리 후사키치(1868~1923)가 발견한 공식이다. 일반적으로 P파의 전달속도가 빨라 처음에는 건물이 작게 흔들리는 상하 진동으로 시작된다. 이어서 크게 좌우로 흔들리는 수평 진동인 S파가 전달된다.

P파의 진동이 도달하는 순간부터 S파의 진동이 시작될 때까지의 시간은 진원까지의 거리에 비례하기 때문에 P파와 S파의 속도를 알면 거리를 알 수 있다.

진원이 아주 가까운 경우나 1,000㎞ 이상일 경우를 제외하고 오모리 공식으로 거의 정확하게 진원까지의 거리를 구할 수 있다.

진원지 A로부터 P파, S파가 다음과 같이 전해진다

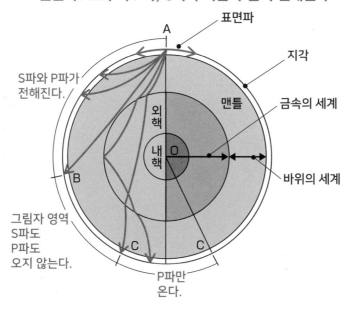

표면파

지각

S파와 P파가
전해진다.

금속의 세계

맨틀

외핵

내핵

O

바위의 세계

B

그림자 영역
S파도
P파도
오지 않는다.

C

C

P파만
온다.

* 반대로, 지진파가 전달되는 방법으로 지구의 내부 구조를 알 수 있게 되었다!

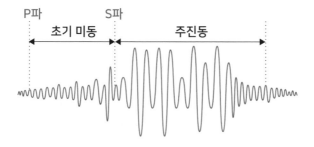

P파

S파

초기 미동

주진동

처음에는 위아래로 작게 흔들리는
P파가 오고, 이어서 좌우로 크게
흔들리는 S파(주진동)가 온다.

오모리 공식

$$I = \frac{V_1 V_2}{V_1 - V_2}$$

I : 진원까지의 거리(km)
V_1 : P파의 평균 속도(5.5km/초)
V_2 : S파의 평균 속도(3.3km/초)

48 물건은 왜 똑바로 떨어지는 것일까?
—— 갈릴레오의 상대성원리

> 서로 일정한 속도로 움직이는 좌표계에서 운동을 봤을 경우, 그 운동의 법칙은 일정하다.

문제!
스턴트맨은 어디를 향해 나는 걸까?

독자 여러분 중에 워터 슈트를 타본 사람도 적지 않을 것이다. 배가 경사면을 미끄러져 내려가는 순간 뱃머리에 타고 있는 스턴트맨이 공중에 점프한다면, 어느 방향으로 날아오를 거라고 생각하는가? (그림 ①)

① 배가 진행하는 방향, 비스듬히 전방으로, ② 비스듬히 뒤쪽으로, ③ 바로 위로 (답은 이 항목 끝부분에 있다.)

이 문제는 코페르니쿠스의 지동설이 유럽에서 좀처럼 받아들여지지 않은 이유와 깊이 관련되어 있다. 탑에 올라가 돌을 아래로 떨어뜨리면 손에서 돌이 떨어져 나가 바닥에 닿기까지 시간이 걸린다. 그 사이에 지구가 서쪽에서 동쪽으로 움직이고 있다면 돌을 똑바로 떨어뜨렸다 해도 조금 서쪽으로 떨어질 것이다. 하지만 실제로 해보면 항상 수직으로 떨어진다. 그래서 지구가 움직인다는 말은 엉터리라고 했던 것이다.

이에 대해 갈릴레오는 자신의 저작 『천문대화』에서 이에 반대하는 의견을 밝혔다. 일정한 속도와 일정한 방향으로 계속 움직이는 배를 타 보라. 돛대에 올라서서 물건을 아래로 떨어뜨려 보라. 그러면 배가 움직이든 움직이지 않든 역시 바로 밑에 떨어진다(그림 ②).

등속운동을 하는 열차에서 손에 든 책을 떨어뜨리면 멈춰 있을 때처럼 바로 아래에 떨어진다. 이것이 갈릴레오의 상대성원리다(그림 ③).

갈릴레오의 상대성원리는 아인슈타인의 상대성이론과는 다르지만, 상대성이라는 테두리로 물리학의 법칙을 생각하는 점에서는 같다. 이것은 사실

400년 전 갈릴레오로부터 시작되었다.

앞의 문제 답은 물론 ③이다.

그림 ① :
스턴트맨은 어디로 날아갈까?

(공중을 나는 시간 약 1.5초)
포물선 운동

12° 70m

그동안 배는 거의 같은 속도로 오른쪽으로 이동한다.

그림 ②
움직이는 배에서 물건을 떨어뜨리면?

그림 ③
움직이는 열차에서 물건을 떨어뜨리면?

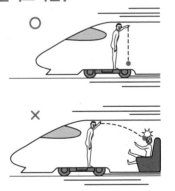

○

×

갈릴레오와 뉴턴의 관계

상대성, 특히 자유낙하의 법칙을 발견한 사람이 갈릴레오다. 갈릴레오는 주로 지상 물체의 운동 법칙을 생각했다. 반면 코페르니쿠스와 케플러는 주로 천체의 운동 법칙을 생각했다. 이 둘을 묶어 통일적으로 생각한 것이 뉴턴 역학이다. 뉴턴의 역학은 갈릴레오의 상대성원리를 만족시킨다.

49 사과도 달도 떨어진다!
—— 만유인력의 법칙

> 두 물체 사이에는 각 질량 m_1, m_2의 곱에 비례하고 거리 r의 제곱에 반비례하는 인력 F가 두 물체의 중심을 연결하는 방향으로 작용한다.

사과에서 달로 화제를 전환한 뉴턴

케임브리지 대학을 다니던 아이작 뉴턴(1642~1727)은 전염병이 유행하는 바람에 대학이 폐쇄되자 고향으로 돌아왔다. 24살이던 그는 그 후 1년 반 동안 세계 3대 법칙을 발견했다.

프리즘에 의한 빛의 스펙트럼 분해, 미적분법, 만유인력의 법칙(중력의 법칙)이 바로 그것이다.

사과가 떨어지는 것을 보고 중력을 발견했다는 유명한 일화는 말년의 젊은 친구였던 스튜클리가 뉴턴에게서 직접 들은 이야기다. 두 사람은 그때 사과나무 아래 서 있었다. 두 사람은 이상한 관계였는지도 모른다?!

뉴턴은 나무에서 떨어지는 사과를 보고 시선을 사과보다 위로 올리며 사과와 같은 둥근 달은 왜 지구에 떨어지지 않을까 생각했다. 달도 떨어지긴 하지만 떨어지면서도 일정한 속도로 전진하기 때문에 결과적으로 일정한 원궤도를 계속해서 돈다고 본 것이다.

인공위성을 예견했다?!

뉴턴은 직접 그림을 그려 가며 설명했다. 높은 산에서 물건을 집어 던지면 아래로 툭 떨어진다. 옆으로 나는 속도를 점차 빨라지게 하면 점점 멀리 간다. 그러다가 빙그르르 지구를 돌아버린다. 뉴턴은 이것이 바로 원운동이라고 말한다.

왠지 인공위성까지도 예견했던 것이 아닌가 하는 생각이 든다.

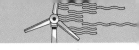

정지 위성에 작용하는 중력과 궤도

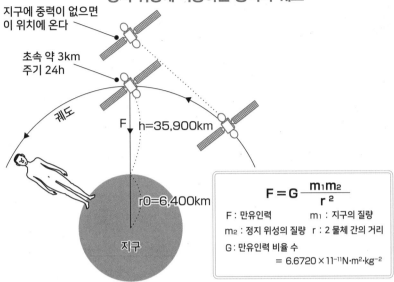

지구에 중력이 없으면
이 위치에 온다

초속 약 3km
주기 24h

궤도

F   h=35,900km

r0=6,400km

지구

$$F = G\frac{m_1 m_2}{r^2}$$

F : 만유인력 m_1 : 지구의 질량
m_2 : 정지 위성의 질량   r : 2 물체 간의 거리
G : 만유인력 비율 수
    $= 6.6720 \times 11^{-11} N \cdot m^2 \cdot kg^{-2}$

　달의 원 궤도 속도로 따지면 이 낙하운동의 원인이 되는 인력은 지상의 값
에 비하면 아주 작은 값이 될 것이다. 이 생각을 발전시켜 뉴턴은 중력의 법
칙을 발견했다.

　　또한 지상의 물체로부터 태양계의 행성, 더 나아가 은하계의 별들에 이
르기까지 모든 물체에 적용되므로 만유인력의 법칙이라고 부른다. 하지만
이 법칙이 원자핵 사이처럼 아주 작은 거리나 성운 사이처럼 엄청난 거리에
서도 성립되는 것인지는 알 수 없다.

정지 위성의 원리!

지구 주위를 지구의 자전과 같은 속도, 같은 방향(동쪽)으로 도는 것이 정지 위성이다. 만
유인력의 법칙을 사용하여 계산하면 적도 위 약 36,000km의 궤도에서 정지해 보인다.
거기서 끈을 늘어뜨려 우주 엘리베이터를 만들자는 제안도 나왔다. 이것을 멋지게 SF
화 한 것이 아서 클라크의 소설 『낙원의 샘』과 찰스 셰필드의 『The Web Between the
Worlds』이다.

수 : 수 : 수 : 수 : 무엇도 물어진다! ── 만유인력의 법칙

50 확대 지향의 미국인이 발견한 법칙
—— 허블의 법칙

> 멀리 있는 은하일수록 빠른 속도로 멀어져 간다.

우주는 점점 팽창해간다

시카고 대학을 졸업하고 영국 옥스퍼드 대학에서 유학을 마친 에드윈 파월 허블(1889~1953)은 법률사무소를 열었으나 이듬해 그만두고 시카고 대학의 여키스천문대에 들어가 천문학을 공부하기 시작한다. 제1차 세계대전 후 천문학자 조지 헤일의 권유로 윌슨산천문대에 들어갔다.

1924년 허블은 대발견을 했다. 당시 세계는 천문학을 놓고 대논쟁을 벌이고 있었다. 우리 은하계가 우주에 유일한 것이며 은하계 밖에는 은하가 존재하지 않는다고 주장하는 학파와 존재한다는 학파가 팽팽하게 맞섰다.

허블은 세파이드형 변광성을 안드로메다 성운 속에서 찾아냈다. 이 변광성을 사용해 거리를 재보니 100만 광년 이상으로 나왔다. 오늘날에는 약 230만 광년이나 된다.

은하계는 직경 10만 광년이다. 그렇다면 안드로메다대성운은 은하계 내부에 존재할 수 없다.

이렇게 은하까지의 거리를 측정하는 데 열중한 허블은 1929년 금세기 최대의 발견을 하게 된다. 멀리 있는 은하일수록 빠른 속도로 멀어진다. 즉, 우주는 팽창해간다는 것이다. 어떻게 그런 엄청난 사실을 알아냈을까?

빛의 도플러 효과를 이용

우리 은하나 항성에서 오는 빛에서는 '반드시'라고 해도 좋을 정도로 우주에 가장 많이 존재하는 수소원자의 스펙트럼을 볼 수 있다. 그것도 프리즘을 이용하여 빛을 색깔별로 분산시키면 각 원소 특유의 빛이 배치되는 것을 볼 수 있다. 허블은 은하에서 온 빛 속의 수소스펙트럼 파장을 조사하고 지상의

은하가 팽창해가는 것을 발견한 그래프

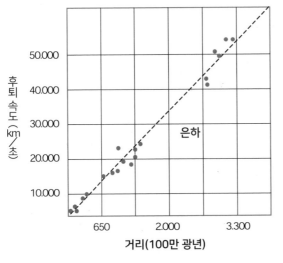

은하(하나하나의 검은 점이 각각 은하를 나타낸다)가 멀리 있으면 있을수록 빠른 속도로 멀어져간다는 것을 보여준다.

실험실에서 같은 수소가 내는 빛과 비교해 그것이 파장이 긴 빨간색 쪽으로 어긋나 있다는 것을 감지했다. 이것을 적색편이라고 한다. 빛의 발

허블의 공식

$$v = kr$$

v : 후퇴 속도(km/초)
r : 거리(억 광년)
k : 허블 상수(3,070km/초/억 광년)

생원이 관찰자로부터 멀어질 때 파장이 길어지는 도플러 효과가 나타난 것이다!

미리 지구로부터의 거리를 추정할 수 있는 상대편에 대해 조사한 결과 지구가 속한 은하계로부터 멀어질수록 후퇴하는 속도가 빠르다는 것을 알 수 있었다. 기이하게도 우주의 팽창이 발견된 1929년은 대공황이 발생한 해이기도 하다.

천문학의 흐름을 유럽이 아닌 미국 위주로 돌려세운 허블의 법칙은 어두웠던 미국 국민의 마음을 조금이나마 위로하지 않았을까?

51 빅뱅에게는 아버지가 있다
── 빅뱅 우주론

> 태곳적 지구에는 하나의 초 대륙
> 이 있었고, 그것이 갈라져 현재의
> 형태가 되었다.

'빅뱅의 아버지' 르메트르의 예언

대폭발 이론으로도 불리는 빅뱅 우주론을 처음 주장한 사람은 벨기에의 신부이자 수학자 조르쥬 르메트르다. 오늘날에는 그를 '빅뱅의 아버지'라고 부르지만 빅뱅을 주장한 1927년 당시 사람들의 시선은 차가웠다. 르메트르의 주장은 아인슈타인의 상대성이론에 기초했을 뿐 아무런 증거가 없었기 때문이다.

1929년 허블이 팽창우주론을 발견하게 되면서 천문학의 흐름이 바뀌었다. 우주가 팽창해간다면 시간을 거슬러 올라가 빅뱅 역시 있을 수 있다고 본 것이다.

르메트르의 예언에 귀를 기울이는 사람도 나오기 시작했다. 조지 가모프(1904~1968)가 1948년, 그런 빅뱅 우주론을 더욱 발전시킨다.

하지만 가모프가 예로 든 빅뱅의 증거는 시간을 거슬러 올라간다는 가정이었고 계산상 여기서는 생성되지 않기 때문이었다.

빅뱅의 결정적 증거!

그런데 그 옛날 아주 뜨거운 불덩어리였던 '우주의 잔재에서 방출된 온도가 매우 낮은 열방사(이른바 빅뱅의 잔광, 즉 일종의 반사가 있다고 한 예언)를 어떻게 측정할 것인가?'라는 질문에 가모프는 대답하지 못했다.

거기다 영국의 천문학자이자 SF 작가인 프레드 호일은 다른 2명의 학자와 협력하여 정상우주론을 주장하며 빅뱅을 부정했다.

그런데 1964년 빅뱅의 결정적인 증거가 발견되었다. AT&T 벨연구소의 위성통신 기술자 펜지아스와 윌슨은 우주에서 오는 잡음을 관측하고 있었

배경 복사에서 우주의 시작을 보다!

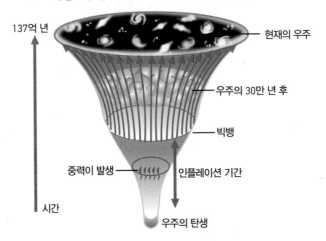

137억 년

현재의 우주

우주의 30만 년 후

빅뱅

중력이 발생 ─ 인플레이션 기간

시간

우주의 탄생

우주배경복사란 우주의 모든 방향에서 오는 마이크로파의 전파 잡음으로, 파장 1mm 언저리가 가장 강하고, 그 스펙트럼은 절대온도 3℃(3K), 즉 −270℃의 흑체 복사다. 매우 밀도가 높고 뜨거웠던 옛날 우주가 팽창함에 따라 온도가 내려가, 3K까지 식은 것으로 해석할 수 있기 때문에 빅뱅 이론을 지지하는 논거가 되었다.

다. 위성통신의 전파에서 잡음을 어떻게 제거해야 하는지 연구하고 있었던 것이다. 그때 무슨 수를 써도 없어지지 않는 잡음이 있다는 것을 알았다.

게다가 사방에서 잡음이 들려왔다. 잡음 온도를 측정했더니 절대온도 3℃였다.

펜지아스와 윌슨은 근처 프린스턴 대학에 가서 연구자와 얘기해보고, 이것이 빅뱅의 잔광임을 알게 된다. 우주배경복사(위 그림)를 발견한 순간이었다.

빅뱅의 아버지 르메트르는 이때 72살이었다. 인생의 거의 막바지에 '빅뱅 우주론' 현상이 발견됐음을 알았다.

펜지아스와 윌슨은 우주배경복사를 발견한 공로로 1978년에 노벨물리학상을 수상했다.

52 쿼크는 아라리를 닮았다
—— 겔만의 쿼크 모델

> 소립자는 쿼크로 구성되어 있다.

소립자에서 쿼크로 가는 공포의 계단

먼저 다음 페이지 '물질 · 생명의 계층 구조'를 보기 바란다. 우리의 눈에 보이는 친근한 신체 수준에서 분자 · 원자 수준으로, 원자핵이나 전자 수준으로, 그리고 양성자, 중성자, 중간자 등으로 이루어진 소립자 수준으로 계단을 내려가 보라. 그 아래쪽에는 어떤 계층이 있는 것일까? 1970년대 중반 무렵까지 학자들 사이에 몹시 열띤 논쟁이 벌어졌다.

미국의 물리학자 제프리 츄(1924~2019)는 물질의 계층 구조가 소립자 수준에서 멈춘다고 생각했다. 소립자 밑에는 더 이상 계층, 이른바 계급이 없다는 의미에서 이 이론을 '핵민주주의'라고 부른다. 그는 각 소립자가 자기 자신을 포함한 몇 개의 소립자로 서로 상충하지 않도록 구성되는, 그런 이론을 만들려고 했다.

반면 하이젠베르크와 유카와 히데키는 자연의 계단을 더 한층 내려가려고 했다. 이보다 더 과격하다고 할 수 있는 것은 사카타 쇼이치(1911~1970)의 '무한계층론'이다. 사카타는 물질의 계층은 한없이 존재하고 자연의 계단은 한없이 아래로, 아래로 이어져 있다고 생각했다.

좀 무서운 생각이 드는 이미지다. 원자에서 원자핵으로 내려가 원자폭탄이 되었으니까 말이다. 사카타 모델파는 새로운 물질 요소를 도입하려고 하는 혁신파인 반면, 이를 거부하는 보수파는 핵민주주의파다.

마오쩌둥이 사카타 모델에 동조했고 중국의 물리학자들은 '계층 구성' 모델을 만들었다. 하지만 사카타 모델을 개량한 것은 계층 구성 모델이 아니라 미국의 겔만(1929~2019)과 츠바이크(1937~)가 각자 독립적으로 제창한 쿼

물질·생명의 계층 구조

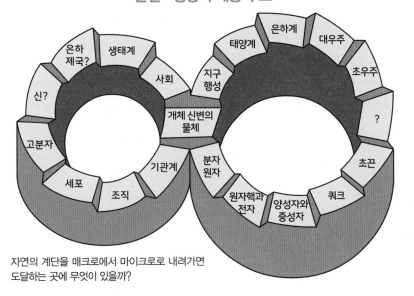

자연의 계단을 매크로에서 마이크로로 내려가면
도달하는 곳에 무엇이 있을까?

크 모델이었다. 쿼크 모델은 양성자와
중성자 등의 하드론(양성자나 중성자 등
원자핵 속의 입자)이 세 개의 쿼터로 구성
되고, 중간자가 두 개의 쿼크로 구성된
다. 하지만 쿼크에 대해서는 회의적인
풍조가 만연했다. 그런데 1969년 미국
스탠포드에 있는 대형 가속기를 사용하
여 고속으로 가속한 전자를 양성자에
충돌시키는 실험에서 양성자 내부에서
소립자 세 개가 발견되었다. 이것이 바
로 쿼크였던 것이다.

쿼크 모델

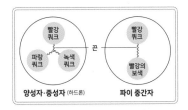

양성자·중성자 (하드론)　　　**파이 중간자**

쿼크는 양성자 속에서 자유로이
운동하지만, 밖으로 나오지는 않
는다. 이러한 현상을 이해하기 위
한 여러 모델들이 있다. 하나는
'주머니(가방) 모델'이다. 양성자가
주머니 같은 구조이고, 쿼크는 주
머니 속에서 자유롭게 움직일 수
있지만 주머니에서 나올 수는 없
다. 또한 중간자는 쿼크 2개를 안
에 감추고 있다. 그것이 포켓몬의
아라리와 흡사하다.

53 우주인을 만나고 싶다면 문명의 수명을 늘려라!
—— 우주 문명 방정식

> 은하 내에서 문명사회의 수를 구하는 식. 드레이크 방정식 또는 그린뱅크 방정식이라고도 한다.

지구에는 생명체가 존재하지 않는다?

우주 문명 방정식은 어디까지나 '지구형' 생명체와 문명을 모델로 했을 경우라는 조건에 한정된다. 게다가 오른쪽 표에서 칼 세이건에 의한 숫자의 대부분은 가설일 뿐 증명되지 않았다. 특히 실제로 생명체가 발생하고 진화하는 행성의 확률(f_1)과, 기술문명사회의 평균수명(L)은 학자마다 크게 의견이 엇갈린다.

일반적으로 천문학자는 세이건처럼 낙관론자라서 생명체가 필연적으로 발생하고 진화할 확률(f_1)을 1로 본다. 반면 생물학자는 아미노산의 혼합물 속에서 특정 단백질이 만들어질 확률은 10의 수백 제곱 분의 1에 불과하고, 특정 DNA가 형성될 확률은 더 낮다고 보는 경향이 있다. 생물로서 살아갈 수 있도록 조합될 확률은 거의 절망적이라고 말하는 논자까지 있다. 이 같은 확률로 계산하면 사실 빅뱅 이후 생명체가 발생하는 데 필요한 시간은 경과하지 않았다. 그러니까 지구에도 아직 생명체가 존재하지 않아야 한다.

최신 연구에 따르면(22쪽 참조) 오른쪽 표의 R×fp≒1, n=0.15~0.2이다. f_1에 대해서는 지금도 연구가 진행 중이나 세이건의 열정에 경의를 표하며 진화할 확률(f_1)을 1로 해보겠다. $f_1 \times f_c$는 귀를 기울이며 응시하고는 있지만, 한없이 0에 가까우면 두려우니까 일정하게 K로 해두겠다.

그러면 우주 문명 방정식은 다음 페이지(※)와 같다.

N은 L에 비례하고, 우주인을 만나고 싶다면, L을 연장해야 한다. 은하계

우주 문명 방정식

이웃 항성 문명까지의 거리를 계산할 수 있다?!

$$N = R \times fp \times n \times f_1 \times fi \times fc \times L$$

기호	조건	칼 세이건에 의한 숫자	관련 학문 영역
N	은하계에 존재하는 문명의 수	10^6	
R	은하계 내에서 항성이 생성하는 평균 속도	10	천체물리
fp	행성계를 가진 항성의 비율	1	
n	행성계 내에서 생명체의 발생과 진화에 생태적으로 적합한 조건을 가진 행성의 수	1	천문학 • 생물학
f_1	**실제로 생명체가 발생하고 진화하는 행성의 확률**	1	**유기화학 • 생화학**
fi	생명체가 발생하고 진화하는 행성 중 지적 생물이 출현할 확률	1	신경생리학 • 진화론
fc	항성 간 통신을 하는 능력과 관심을 가진 만큼 고도의 기술사회로 발전시킬 확률	0.01	인류학 • 고고학 역사학
L	**기술문명사회의 평균 수명**	10^7	**심리학 • 정신병리학 역사학 • 물리학 정치학 • 문명학**

최신 연구에 의한 우주 문명 방정식

$$(\ast)\,N = (0.15 \sim 0.2) \times k \times L$$

에 존재하는 문명의 수가 많을수록 우주인을 만날 가능성은 높아진다.

54 인간을 위해 우주가 있다
—— 인간 중심 원리

> 인간이 우주에 존재한다는 것은 원래 인간이 존재할 수 있도록 이 우주가 만들어져 있기 때문이다.

약하고 강한 인간 중심 원리

인간이 존재의식을 갖게 된 오랜 옛날부터 세상의 중심은 인간이었다. 하지만 코페르니쿠스 혁명 이후 근대 자연과학은 인간이 우주의 특별한 존재가 아님을 밝혀왔다.

코페르니쿠스는 사람이 사는 지구가 태양계의 중심이 아니라는 지동설을 주장했다. 그 후 태양계가 은하계의 중심이 아니고, 은하도 우주 전체의 중심이 아니라는 사실이 밝혀졌다.

그리고 우주는 어떤 위치에서 어느 방향으로 봐도 동일하게 보인다고 하는 우주 원리가 수립되었다.

또한 분류학이나 다윈 이후의 진화론에서는 사람을 단순히 포유류의 일원으로 취급함으로써 오랜 인간 중심 원리(인류 원리)를 깨고 생물학적 우주 원리로 몰고 갔다고 할 수 있다.

그런데 20세기 후반이 되면서 일부 학자들이 이전 인간 중심 원리의 부활인 듯한 새로운 인간 중심 원리를 주장하기 시작했다.

1961년 로버트 디키가 영국 잡지에 오늘날 소위 약한 인간 중심 원리라 불리는 논문을 발표했다. 그는 생명체가 발생하고 존재하는 것은 우주의 어느 한 시대뿐이라고 주장했다. 우주를 구성하는 기초적인 상수 —— 광속도 값이나 전자의 질량 등 ——의 조합이 현재보다 훨씬 빠른 시대나 늦은 시대에는 우주의 나이와 같지 않다는 것이다.

1968년 케임브리지 대학의 브랜던 카터는 강한 인간 중심 원리를 제기했다.

우주의 과거와 미래

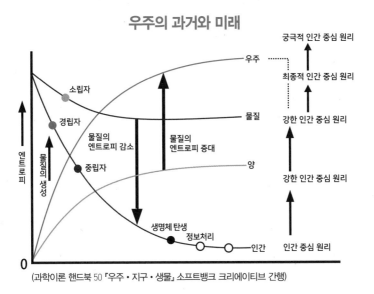

(과학이론 핸드북 50 『우주·지구·생물』 소프트뱅크 크리에이티브 간행)

생명체의 발생이 가능하려면 우주의 많은 기초상수가 제한된 범위 안에 있어야만 한다는 것이다. 바꿔 말하면 생명체가 발생하고 진화하는 것은 어떤 특수한 우주에 국한될 뿐이라는 주장이다.

신구 인간 중심 원리의 차이

오랜 인간 중심 원리 → 우주 원리 → 새로운 인간 중심 원리라는 흐름으로 인간 중심 원리를 나누었다. 오랜 인간 중심 원리와 새로운 유형의 인간 중심 원리는 어떻게 다를까?

예전의 인간 중심 원리는 인간을 우주에서 유일한 지적 존재로 취급한다. 반면 새로운 유형의 인간 중심 원리는 이 우주가 인간이 존재할 수 있게 만들어져 있는 이상, 그리고 인간이 특별한 존재가 아닌 이상 —— 우주 원리에 의해! —— 인간과 같은 지적 존재가 지구 이외에도 있을 수 있다고 하는 점이다.

다시 말하면, 인공지능을 포함한 지적 정보 처리가 가능한 존재가 한번 생기면 사라지지 않는다. 그것이야말로 결국 인간 중심 원리가 아닐까?

잠 못들 정도로 재미있는 이야기
과학의 대이론

2021. 4. 26. 초 판 1쇄 인쇄
2021. 4. 30. 초 판 1쇄 발행

지은이 | 오미야 노부미쓰(大宮信光)
감 역 | 조헌국
옮긴이 | 김선숙
펴낸이 | 이종춘
펴낸곳 | **BM** ㈜도서출판 **성안당**
주소 | 04032 서울시 마포구 양화로 127 첨단빌딩 3층(출판기획 R&D 센터)
     | 10881 경기도 파주시 문발로 112 파주 출판 문화도시(제작 및 물류)
전화 | 02) 3142-0036
     | 031) 950-6300
팩스 | 031) 955-0510
등록 | 1973. 2. 1. 제406-2005-000046호
출판사 홈페이지 | **www.cyber.co.kr**
ISBN | 978-89-315-8885-9 (03440)
       978-89-315-8889-7 (세트)
정가 | 9,800원

이 책을 만든 사람들
책임 | 최옥현
진행 | 최동진
본문 · 표지 디자인 | 이대범
홍보 | 김계향, 유미나
국제부 | 이선민, 조혜란, 김혜숙
마케팅 | 구본철, 차정욱, 나진호, 이동후, 강호묵
마케팅 지원 | 장상범, 박지연
제작 | 김유석

■ **도서 A/S 안내**

> 성안당에서 발행하는 모든 도서는 저자와 출판사, 그리고 독자가 함께 만들어 나갑니다.
> 좋은 책을 펴내기 위해 많은 노력을 기울이고 있습니다. 혹시라도 내용상의 오류나 오탈자 등이
> 발견되면 "좋은 책은 나라의 보배"로서 우리 모두가 함께 만들어 간다는 마음으로 연락주시기
> 바랍니다. 수정 보완하여 더 나은 책이 되도록 최선을 다하겠습니다.
> 성안당은 늘 독자 여러분들의 소중한 의견을 기다리고 있습니다. 좋은 의견을 보내주시는 분께는
> 성안당 쇼핑몰의 포인트(3,000포인트)를 적립해 드립니다.
> **잘못 만들어진 책이나 부록 등이 파손된 경우에는 교환해 드립니다.**

★★★
www.cyber.co.kr
성안당 Web 사이트